訳者のまえがき

　本書は、Piergiorgio Odifreddi、『C'È SPAZIO PER TUTTI』、2010 Milano の翻訳である。

　本書を手にして、まず目に飛び込んでくるデザインが好きになったとしたら、著者の伝えたい幾何学の本質をすでに捉えつつあるか、少なくともその豊穣な世界の魅力の一端に触れつつあると言えよう。

　さて、著者オーディフレッディはイタリア人である。ちょうど、イタリア好きになる人が、最初はファッション、料理、美しい街並みなどから入っていき、次第にその重厚な歴史や文化の奥深さに魅了されていくように、本書では、幾何学的問題を解くというよりは、いつの間にか図形の美しさに触れ、物語を読みながら、幾何学のおもしろさを発見し、幾何学と文化の深いつながりに引き込まれていく。幾何学を語る著者の姿勢はまず何よりも、おもしろく、美しくあろうということが前提であって、これは序文にもあるように「幾何学は具体的にして感覚的」であるという点に発する。ピタゴラスの定理一つをとっても、実に視覚的に美しく提示し、その定理を味わって欲しいとも言うべきサービス精神旺盛な著者の姿勢が出ていると言えようか。

　ところで、幾何学の一般書としてのわかりやすさ、ものがたりとしての読みやすさを考慮して、あえて本書では、訳文そのものに説明を加えたり削ったりした。それは、おいしいイタリア料理を毎日食べるには十分な胃袋を持っていない日本人向けにアレンジしたようなものだ。ただ少しアレンジしたぐらいでは、幾何学の持つ文化的背景は実に広く、深く、ときに重すぎることもある。そんなときには、読者の皆さんはフル

コースで味わわずとも、序文を飛ばしてもよいし、第10章の球面幾何学をすべて理解しようとすることもない。ただそんな場合でも、つまみ食いは数学の才能に関わらずできるようになっている。また、イタリア人向けに書かれたものであるので、イタリア語の語源的な歴史的背景の説明が、原文ではとてつもなく多かった。これについても、意に添わなければ、ぜひ皿のわきによけて好きなところだけ味わっていただきたい。なお固有名詞の訳語については、読みやすさを考えて元の言語に関わらず原則として慣例にしたがった。ただし、イタリア語については、原語の雰囲気をなるべく残したく、固有名詞で最近は正しい発音が定着しつつあるものにかぎっては、あえて慣用性よりも正確さを優先したものもある。

　巻末の注釈については、最小限にしたが、どんどん語りかけてくる著者の冗談、イタリアの文化背景などについては、イタリアをより味わいたい読者のためにあまり長くならない程度につけている。物語の先を急ぐ方は、注釈はどんどん読み飛ばしてもらっていい。ごく短い、必要な訳注は〔　〕の中に入れた。原文で多用されているイタリックは、書名は『　』、絵画等の作品名は《　》のように使い分ける一方、テクニカルタームや単なる強調の場合などは、文脈にしたがって、なるべくわかりやすい表示にするため首尾一貫した括弧の使い方ではない場合もある。また、出典についても、例えば冒頭のところのダンテの『神曲』の引用など、もともと省略されていて、イタリア人にとっては常識的なものについては、適宜、挿入している。全般に著者は引用部分、挿話についてもイタリア的鷹揚さがあって、出典にあたると怪しい部分もあったが、そこは正確さとおもしろさをともに追及する日本人の読者を意識して文章を少し修正させていただいた。

　というわけで、時空を旅しながら幾何学を味わうとも言うべき本書の楽しさ、美しさを堪能していただければと思う。

河合成雄

ゼウスの天

「私が他の人たちよりも遠くまで見たと言うならば、それは巨人の肩に
乗ったからである」

　先人の功績の上に自らの発見があることを、ニュートンはこのような
一文で表した。最初にこの表現を考え出したのはニュートンではなく、
12世紀の哲学者シャルトルのベルナールだと考えられている。しかしニ
ュートンこそ、最も優れたその実践者だった。彼はガリレオとケプラー
の肩に乗り、望遠鏡を使い、科学的な精神と澄んだ眼でもって天を観察
したのである。
　こうしてニュートンは『数学的諸原理（プリンキピア）』という記念す
べき著作を著し、世界のしくみを幾何学の言葉で描いてみせた。その言
葉はまさに、彼より数十年早くガリレオが著作『偽金鑑識官』6章の1
節で歌い上げているものと同じである。

「哲学は、我々の目の前に常に開かれたこの偉大なる書物（私は宇宙と
言うが）に書かれているが、まずそれが書かれている言語を理解し、文字
を知るようにならなければ、理解することはできない。それは数学という
言語で書かれていて、文字は、三角形、円、そして他の幾何学的図形であ
り、人間としては、それらの手段なしには、その言葉を理解することはで
きず、むなしく暗い迷宮をさまよい続けるだけである」

　ガリレオに先立つこと3世紀、われわれにとってもう1人の文化の父
ダンテ・アリギエーリは著作『饗宴』（第2巻13章）[1]で、幾何学を、木星

天（ゼウスの天）になぞらえた。ダンテによれば、木星がまばゆいばかりの白い光で輝くように、幾何学には誤りや不確かさといった汚れが1点もないという。さらに彼は、温和な木星が冷たい土星と熱い火星の間を動くように、分割することも測ることもできない「点」と、測ることはできても正方形化することのできない「円」²との間を、幾何学がほどよく漂っているのだと指摘した。

科学者ガリレオと詩人ダンテにとって、幾何学は謎めく世界を読み解くための崇高な言語だった。だが幾何学には、数学の他の分野に比べて、実利的な側面もある。実際、他の分野が抽象的で頭でっかちであるのに対して、幾何学は具体的で感覚的である。したがって、数学の話をするなら、まさに幾何学から出発するのが自然なことである。

だから、私もそうすることにしよう。ガリレオとダンテだけでなく、作家のボルヘスの肩にも乗りながら。ボルヘスは、『バベルの図書館』イギリス編で次のように書いている。

「私は学生たちに、英文学ではなく、いく人かの作家に対しての愛を教えることを好んだ。英文学など、私は知らない。こう言ってよければ、数頁に対しての愛を、さらには、いくつかのフレーズに対しての愛を教えたい。それで十分なのだと、私には思える。人は、あるフレーズに恋すれば、ついて、ある頁に、さらには、その作家に恋をするものだ」

私もまた、読者に、数学の歴史ではなく、いくつかの学説についての愛を語ろう。数学の歴史など、私は知らない。こう言ってよければ、いくつかの証明に対しての愛を、さらには、いくつかの答えについての愛を語ろう。そして、それで十分であって欲しいと願う。人はある答えに、ついで、ある証明に、さらには、ある学説に恋をするのである。

数学にあなたの心を開いて、恋するつもりで！

ピエルジョルジョ・オーディフレッディ

6

目　次

9

デザイン　鷺草デザイン事務所＋大田高充

DTP　　　東　浩美

空間を少し作ってみよう

INTRODUZIONE

　あなたはピエルジョルジョ・オーディフレッディの新しい本『幾何学の偉大ものがたり』を読み始めようとしている[3]。この本には、幾何学のものがたりと歴史が書かれている。幾何学は、とても古くからの学問だ。それを辿るには、4000年前の幾何学や古代文明から始めることになろう。

　さあエジプト人とインド人の古代文明をともに旅しよう。さらに2000年前のギリシャ人の地でゆっくり過ごし、最後にここ数世紀のアラブ人とヨーロッパ人を訪ねて旅を締めくくることにしよう。

　歴史を探るには、いくつかの証拠を調べなければならない。しかし実のところ数学は、証拠が残され始めるまでにかなり発達してしまっている。われわれは、このものがたりの主人公となるはずの空間概念を、人々がいかに理解し発達させたのかを正確に知ることはもはやできないのだ。古代の人々の考えに少しでも近づきたいなら、彼らが体験した紆余曲折、すでに失われた奮闘の軌跡に目を向ける必要がある。

　手始めにまず幾何学の対象、**点**、**線分**、**角**、**直線**、**曲線**、**図形**、**表面**、**立体**について考えよう。ついでそれらの尺度、**長さ**、**面積**、**体積**を扱い、最後にはそれらを納める容器、**平面**と**空間**を取りあげよう。

ちょっと子どもじみた幾何学

　古代の人々の試みを再現するには、おそらく2通りの方法があるだろう。第1の方法では、**心理学**の助けを借りる。一部の心理学者は、一人ひとりの人間の歴史の中に、人類全体の歴史を少なくとも部分的には見てとることができると考えている。これは希望的予測に過ぎないが、も

し本当にそうなら、幼年期や少年期にどのように幾何学的な概念が発達するのかを理解することで、古代の人々の考えに近づくことができるはずだ。

この分野において、パイオニア的な仕事をしたのは、スイスの心理学者のジャン・ピアジェである。彼は、個人が生まれてから大人になるまでの世界についての論理的、数学的、物理的な概念の発達を60年間にもわたり徹底して研究した。ピアジェは1948年、幾何学に関する研究成果を『子どもの空間表象』『子どもの自発的幾何学』と題された2冊の重々しい本にまとめた。

驚いたことに先ほど述べた希望的予測に反して、ピアジェによると、人が幾何学的概念に辿りつく過程は、本書でこれから語る発見の歴史とは全く逆方向だと言う。

より正確に言うと、小さな子どもは最初に形を見分けることができるようになる。するとすぐに、人や家といった異なる形のものを区別して描けるようになる。しかしその子どもが、対象を空間の中に正しく描ける（人をシャガールの絵のように屋根の上や空中に描くのではなく、地面の上に描けるようになる）には、数年かかる。最終的に、人を家より小さく犬より大きくするように、大きさにしたがい正しい関係で描けるようになるには、さらに数年かかる。

子どもの幾何学的概念発達の3つの段階は、実質的に3種類の幾何学の発達に対応している。19世紀の**位相の幾何学**、ルネサンスの**遠近法の幾何学**、古代ギリシャの**測量の幾何学**の3つである。本書は、これら3つの幾何学に少しずつ足を止めるが、扱う順序は正反対なのだ。したがって、測量の幾何学からものがたりを始める。

古代ギリシャ時代よりずっと前、文字通り有史以前の原始的な時期から、人間は幾何学的概念を育んでいたのだろうか。子どもの幾何学的概念発達の3段階は、そんな疑念を裏付けている。幾何学の黎明期について、われわれが知らないことはたくさんある。

おそらくはあらゆる情報から隔離された社会で、数学がどのように発展したかを観察すれば、幾何学の黎明期の欠落を部分的には埋め合わせることが可能であろう。これは一種の**民族数学**であって、十数年前に出版された2冊の本の題名にもなっている。1冊は、ウビラタン・ダンブロシオ（1990年）によって書かれたもので、もう1冊は、マルシア・ア

ッシャー（1991年）によるものである。しかしながら今のところ民族数学は、まだ準備段階にあり、ピアジェとその学派による発達心理学の体系的な研究とは比較にならない。

いったいどんな感覚と意味があるのか

幾何学の黎明期の欠落を埋める第2の方法は、**生理学**の応用である。われわれの肉体と感覚器官の構造から、幾何学的概念を説明しようという試みである。うまくいけば幾何学的概念は、生理学的にこのようにしか、なり得なかったのだと証明できるかもしれない。

感覚が幾何学的概念の形成過程に確かに関与していると言っても、味覚や嗅覚のような化学的な感覚は、実のところわれわれの空間知覚に何の影響も与えない。一方、視覚、聴覚、触覚のような物理的な感覚は、空間知覚に影響を与える。とりわけ重要なのは、視覚だ。視覚が空間知覚の主人であることは、古来、**光学**と幾何学が固いきずなで結ばれてきたことからもわかる。

このきずなは、2つの単純な事実に根ざして紡がれている。1つは、われわれの眼だ。ある対象に視線を定め、片眼ずつ交互に閉じてみよう。2つの像は似てはいるものの、異なっていることが簡単に確かめられるはずだ。われわれの視覚システムが、このような生理学的特徴をたまたま持っているから、光学と幾何学の間に密接な関わりができたと考えられる。

もう1つの事実には、幾何学そのものが関係する。そこで、「三角形は1辺とその両端の角によって決定される」という定理について考えてみよう。

両眼の間の距離は一定である。これを1辺とすると、脳は両眼から得られる2つの像の相違をもとに、両端の角を推定する。こうして1辺と両端の角の3つのデータから、三角形全体が決定されることになる。

このとき脳は、自動的に対象との距離も推定する。このことからわかるように「数学な

んて全然わからない」と言ったり思ったりしている人たちでさえ、意識するしないにかかわらず、事実上、脳は数学をただ知っているだけでなく系統立てて使っているのである。

　まさに幾何学が、いわゆる**両眼視**を通して、奥行きの知覚を可能にしているのだ。ギリシャ神話に登場する巨人キュクロプス[4]のように、われわれがたった1つの眼だけを持っているとしたり、鳥のように頭の横に2つの眼を持っているとしたら、同じ対象から得られる2つの像を思い通りに統合できず、平面的で立体感のない世界を見ることになるだろう。また斜視なら、2つの像はあまりにも異なるため統合できず、視界を1つに重ね合わせることもできない。もし脳内で像の統合メカニズムが故障してしまったら、世界は混乱に満ちて、歪んだ3D画像のようになってしまうだろう。

　人が空間の奥行きを把握できるのは、両眼視のおかげだ。だが、それだけが唯一の手段というわけではない。**立体音響**は両眼視とは異なる原理で、奥行きに関する手掛かりを聴覚に提供してくれる。左右の耳それぞれに入ってくる音に対して別々の測定を行い、脳はその到達時間の差により音がどの方向から来るのかを推定できる。

　音が障害物を迂回できるのに対し、光はほとんど直線的に伝わる。したがって立体音響を受け取る上で、両耳が眼のように同じ方向を向いている必要はないのである。むしろ左右それぞれの耳への到達時間の差を大きくするために、両耳はできる限り離れて置かれる必要がある。だから耳は頭の両端に配置されることになったのだ。

　両眼視と立体音響は脳で統合され、空間の奥行きの感覚をわれわれにもたらす。しかし真の三次元的知覚には、**半規管**も必要だ。半規管は3つあり、それぞれ半円形に作られている[5]。内部にはゼラチン状の液体が詰まっていて、その根元には、**耳石**と呼ばれる石灰質の粒がゼラチン質の層の上に詰まっている。

　3つの半規管（三半規管）は、**平衡感覚**を生み出す。一般に平衡感覚は、「偉大なる五感[6]」の1つには数えられないが、欠か

せない感覚であるのは間違いない。われわれが頭部の回転を感知する上で、重要な役割を果たすのが三半規管の配置で、それらは互いに直交する3つの面上にある。一方、耳石はあらゆる方向への加速運動の知覚を与えてくれる。三半規管と耳石が、頭と体の位置情報を提供してくれるのだ。

正確に言うと、重力はひっきりなしに耳石を下の方へと滑らせようとしている。頭あるいは体を動かすと、耳石は三半規管の根元の壁にある繊毛を刺激する。繊毛が刺激されると、脳に耳石の動きの情報が与えられる。数学なんて全くわからないと言い放つ人がいたとしても、その人の体の中では、このようなすばらしいメカニズムが働き、数学的な偉業が成し遂げられているのである。

触覚の器官もまたわれわれが世界を把握する仕方に、少なくとも2通りの方法で貢献している。1つ目は、人体の各部位の長さである。昔から親指、足、腕などが長さの単位として使われ、そのうち最初の2つは未だにアングロサクソンの国々で**インチ**や**フィート**という名前で残っている。人体の各部位が長さの単位を提供してくれるおかげで、あらゆる長さに言及できる。

2つ目は、皮膚感覚だ。木材から大理石に至るまで多くの物質の表面に指や手を滑らせることで、スベスベだという感覚が得られる。われわれは空間が切れ目を持たず、「連続的」だと感じやすいが、その感覚は皮膚感覚がもたらしていると考えられる。もし指の代わりにカニが持つようなハサミで世界に触れているとしたら、おそらく逆に世界は断続的であると感じていただろう。

見えているけれど

カニと言えば、外界を知覚するときに、われわれは何もへまをしでかしていないと本当に確信が持てるだろうか[7]。もっと哲学的に言えば、感覚がわれわれを欺かず、あるがままの世界を知覚させてくれると、いったい確信できるのだろうか。知覚に根ざして生まれた幾何学は、単なる作り物ではなく世界の特徴を客観的に表していると確信できるだろうか。

実際1870年に、ヘルマン・フォン・ヘルムホルツが論文『幾何学的公準の起源と意味』の中で、われわれの知覚が直線と平面を歪めていると

指摘している。

　例えば地上から大気中の雲を見上げると、実際は雲の底面は平らであるにもかかわらず、端のほうが下に向かって丸まっているように見える。空を覆う雲を見て、天空が**ヴォールト**〔かまぼこ型の天井様式〕になっていると連想するのは偶然ではない。一方、高層ビルや気球から地面を見下ろすと、今度は上方に曲がって見える。この現象は、明らかに地球の丸さとは関係ない。見え方が地球の丸さを反映しているなら、当然、曲がり具合は「反対」方向になるはずである。

　時代は下るが、ルドルフ・リューネブルクは1947年の著作『両眼視の数学的分析』で、実際に外部に存在する物理空間の幾何学と、感覚器官を通じて得られた知覚空間の幾何学の違いについて述べている。リューネブルクの仮説によると、知覚空間では**双曲型幾何学**が成り立っていると言う。われわれに最もなじみのある幾何学は、ユークリッド空間だ。これは平行線がどこまで行っても交わることのないような空間である。それに対して双曲型幾何学は、非ユークリッド的で、歪んだ空間で成り立つ幾何学である。

フィンセント・ファン・ゴッホ、《アルルの寝室》、1888年

　科学者たちが気づくより前に、芸術家たちは知覚空間と物理空間との関係がうまくいっていないことをすでに知っていた。遠近法の法則によらず、本当に見えたままを表現しようとしたフィンセント・ファン・ゴッホの《**アルルの寝室**》は、見る者に疎外感を与え、幻惑させるような絵画である。

　芸術作品に限らず錯視もまた、理論的な予測と経験的な知覚との間にある緊張関係を、効果的に示してくれる。例えば、アドルフ・フィックが1851年に発見した「垂直水平錯視」は、横線より縦線の方が明らかに長く見える。

　長さに対する錯視の中で最も有名な例は、フラ

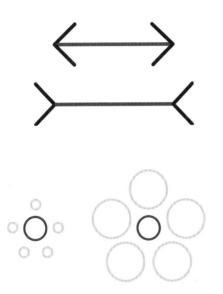

ンツ・ミュラー・リヤーが
1889年に考案した同じ長さの
2本の矢印である。それら
は、ただそれぞれの先端の矢
の部分が反対の方向を向いて
いるだけで、長さが異なると
知覚される。

　大きさの推定は、関連性に
大きく左右される。このこと
を明らかにしたのは、1897年
にテオドール・リップスが発
見した錯視である。彼によれ
ば、同じ大きさの円が、大き
な円に囲まれるとより小さく

見え、小さな円に囲まれるとより大きく見える。

　オプティカル・アートは、線分、多角形、曲線を組み合わせ、不安定
で波うつような印象を与える。この種の錯視を系統立てて利用している
のが、平行線の錯視である。フランスのピュイ・ド・ドーム県にある古
代ローマのモザイクに描かれているチェス盤のような模様の線の単純な
ずれが、最古の例の1つである。

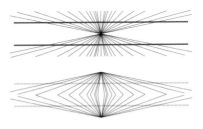

　左上の例では灰色の線は斜めに傾いて見えるが、実際にはすべて互い
に平行である。1861年にエヴァルト・ヘリングが、1896年にヴィルヘル
ム・ヴントが発見した錯視は、2本の平行線を2束の直線の間に挿入す
ることによって得られる。1960年代、リチャード・アヌスキエウィッツ

は、この手法を体系的に使って視覚的に不安定なデザインを生み出した。

　平行な直線の代わりに同心円、直線の束の代わりに同心円の中心を通る曲線の束を使うと、驚くべき螺旋(らせん)が得られる。これは1908年に、ジェームズ・フレイザーによって発見された。指か鉛筆でなぞれば、実際には複数の円しかないことがわかる。しかしそれを確かめた後でも、驚きが消えることはない。

知覚の扉

　哲学者イマヌエル・カントなら定言命法［無条件に「〜せよ」と命じる命令法］にしたがい、「幾何学的知覚の真実性を疑え」と言うだろう。しかし彼の難解な著作『純粋理性批判』(1781年)によれば、真実に到達することを諦めなければならないのだと言う。

　カントは、われわれにはどう作られたのかも今どうなっているのかも決して知ることができない世界があると考え、それを「ヌーメノン」あるいは「物自体」と名づけた。一方われわれに知り得るのは、感覚器官というフィルターを通し脳が作り上げた世界だけであり、それを彼は「現象」あるいは「外観」と呼んだ。物自体に到達できないからといって、残念に思う必要はない。われわれは感覚器官と脳を持っている。これらは世界に生まれ出るとき、持参金として受け取った、人間としての存在を特徴づける道具箱である。われわれは、この道具箱を大事にすべきだ。

　カントによれば、幾何学的空間の概念は、経験には依存しない先天的なものであると言う。先天的な幾何学空間の概念を通して知覚し、認識するのが現象である。われわれが知り得るのは現象だけで、物自体には迫れないのは、このような知覚と認識の枠組みから逃れられないからだ

とカントは考えた。

　われわれに備わっている先天的な幾何学的空間の概念から自分自身を解放することができるとすれば、どんなことが起こり得るであろうか。そんな空想は、カントには許せないかもしれないが、詩人たちにとってはたやすいことである。

　イギリスの詩人で画家のウィリアム・ブレイクが、1793年に発表した『天国と地獄の結婚』に次の一節がある。「知覚の扉が浄められるならば、あらゆるものが人間の前にあるがままに、無限なものとして現れるだろう。なぜなら人間は洞窟に閉じ込められ、わずかな割れ目を通してしか物事を見ることができないのだから」。

　1953年に作家オルダス・ハクスリーが、実際に知覚の扉を浄めようと試みた。ペヨーテと呼ばれるメキシコのサボテンから抽出されたメスカリンを用いて、幻覚実験を行ったのだ。被験者は彼自身だった。その結果は、『知覚の扉』（1954年）と『天国と地獄』（1956年）に書かれている。同様の効果は、メスカリンの他、催幻覚性のキノコから抽出されたシロシビンなど天然の物質や、エクスタシーやLSDなどの人工的な物質によって得られる。エクスタシーは1912年に製薬企業メルクの研究室で、LSDは1938年にスイスの化学者アルバート・ホフマンによって合成された。

　当然のことながら、幻覚誘発剤は感覚的知覚を激しく歪めるが、排除してしまうわけではない。したがって、幻覚誘発剤によってわれわれは知覚から解放され、物自体を見ることができるのか、あるいは、知覚は崩れるだけでやはり物自体に迫ることはできないのか、またしてもわれわれは決して知ることがないであろう。確かに、幻覚誘発剤は生理学的に課された先天的な認識から、われわれが一時的かつ部分的に抜け出ることを可能にする。その結果として、別世界やあり得ない幾何学を経験させてくれる。

　依存症状も禁断症状も誘発しない幻覚誘発剤は、作家や芸術家だけでなく、フランシス・クリック、リチャード・ファインマン、キャリー・マリスのような科学者によっても試された。彼らはそれぞれ、1962年にノーベル医学賞、1965年にノーベル物理学賞、1993年にノーベル化学賞を受賞している。歴史上さまざまな文化と宗教でも自然によって課された限界を超え、世界、空間、幾何学の新たな認識に至ろうと、幻覚誘発剤が使用されたことは言うまでもない。

動物たちの空間

　すでに述べたように、カントは個人に生まれつき備わっている先天的な認識にしたがって、空間と幾何学の概念が形作られると考えた。確かにその通りである。しかし現在の人間がそうであるのは、進化の結果であって、昔からずっとそうだったわけではない。カントはその事実を考慮していなかった。彼の見方には、歴史が含まれていないのだ。

　1941年に動物行動学者コンラート・ローレンツは、論文『現代生物学の立場から見たカントのアプリオリ論』を発表した。ローレンツはこの論文で、カントの考えは不十分であると指摘する。「個にとって、その者が知覚する方法は先天的である」だけではなく、「種にとっては、後天的なものである」と言うのだ。人類は世界に対する固有の視覚、固有の知覚に基づく幾何学的概念を持っている。それに対して他の種は、人類とは異なるそれぞれの視覚や知覚（自然の恵みとして彼らが享受した道具箱）を使って形作られた幾何学的概念を持っているとローレンツは考えた。

　甲殻類と昆虫について考えてみよう。彼らの複眼は、**個眼**と呼ばれる単純な眼で構成される。甲殻類では20個、ハエでは4000個、ハチでは5000個、鱗翅類では15000個、トンボでは30000個……と種ごとに非常に数の差がある。

　複眼を持つ動物は、われわれのように１つの連続した像ではなく、複数の個眼によって知覚された複数の断片からなるモザイク像を見ている。それはまるで砕けた鏡や、キュービズムや点描の絵、あるいは低い解像度の荒いピクセルによるデジタル画像のようである。

　クモは、一般に８個の眼を持っている。ただし６個のものも幾種類か、４個、２個のものもわずかにおり、ごく稀だが０個のものもいる。しかしこの場合、量が質を生むのではない。クモの視力は弱く、彼らの視界はぼんやりしている。そのため外界の状況を捉えるには、触覚、揺れ、味覚の助けが必要だ。クモの幾何学は、おそらく人間の幾何学より美味しいだろうと想像される。いずれにしても高い解像度に根ざす人間の幾何学とは非常に異なるに違いない。

　一方、多くの無脊椎動物は、レンズを備えた本物の眼を持っていない。代わりに彼らには、感光性の**眼点**がある。眼点では光を捉えることはできるが、像を結ぶことはできない。例えば、プラナリアやヒラムシなど

の扁形動物はその名の通り平たく、三次元の空間を把握できる発達した感覚を持っていない。地面や枝などの表面を這いずるように生活する青虫や蛇にとっても、三次元の知覚は難しい。

　眼がないからといって、空間の感覚を発達させられないわけではない。目の見えない人も含め、人間が平衡を保って運動するのを可能にする三半規管のシステムや、クラゲの**平衡胞**（無脊椎動物が持つ平衡感覚を司る器官）などが、それを証明している。クラゲの場合、平衡胞は、重力に対する体の向きを知覚することを可能にしている。これら２つのシステムは構造がよく似ており、機能も似ている。三半規管の場合には耳石が重力に応じた動きを、平衡胞の場合には**平衡石**が重力に応じた動きを記録する役割を果たす。

　人間が持つ器官のバリエーションが、他の動物にも見られるのは確かだ。しかし、人間中心の話に限定する必要はない。進化は実にさまざまな感覚のシステムを、さまざまな種に与えてきた。多くの場合、そうした感覚は人間の能力を凌駕（りょうが）している。例えばコウモリやイルカは、**超音波**を利用して、障害物を避けたり獲物を捕獲したりするなど、対象の位置、速度、大きさを知覚することができる。彼らの超音波システムは、耳ではなく下顎に置かれている。

　1974年に哲学者トマス・ネーゲルが『コウモリであるとはどのようなことか』という論文で、われわれはコウモリがコウモリとして、どのように世界を捉えているかを決して知ることはできないと指摘した。コウモリの感じ方を理解しようとすることは興味深く、想像力の訓練にも役立つだろうが、困難であるのは間違いない。イルカであるとはどのようなことかを理解するのは、さらに難しいだろう。

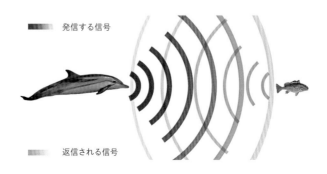

■■■　発信する信号

■■■　返信される信号

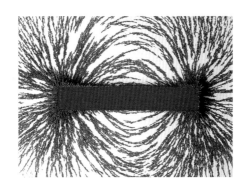

　それでは、アザラシであるとはどのようなことか。アザラシも音ではなく、超音波を使って体の向きを変えたり通信したりしている。あるいは、ハチであるとはどのようなことか。ハチは、地球の磁場の向きや強さを知覚する羅針盤のような器官を持っており、それを使って体の向きを決めている。電磁場を知覚することで築かれたハチの幾何学の空間的な構造は、おそらく「ユークリッド的」平行線が一定間隔に並んだ格子ではなく、磁石の周りにばらまいた砂鉄が描く模様のような「リーマン的」曲線が一定間隔に並んだ格子によって作られていると考えられる。

　われわれが彼らの感覚を想像するのは難しいが、逆に人間よりも発達した聴覚や視覚を持つ動物が人間の感じ方を知ることは、はるかに易しいのではないか。例えば鳥や蛇はそれぞれ、紫外線や赤外線の光を知覚することができる（赤外線の場合には、触覚の代わりに視覚で熱を感じる）。犬や象はそれぞれ、超音波と低周波音を知覚することができる。彼らの世界は、人間が感じとっている世界より、はるかに音楽的で色彩豊かなのである。

同じ花の映像、可視光線と紫外線の場合

地に足をつければ

　もしわれわれが**地理**の異なる惑星に生きていたら、今と同じ幾何学的概念を持つことはなかったはずである。例えば地球の表面は、短い距離の範囲を見ている限り平面にしか思えない。しかしもし地球がもっと小さな半径の球であったなら、人間はおそらく平面よりも球面の幾何学を最初に発達させただろう。本書で後に見るように、その反対はあり得ない。

　もしわれわれの遠い祖先が、水から出てきた後ではなく、その前の水中に暮らしていた頃に数学を始めていたとすれば、無限の空間の代わりに限られた空間を発明しただろう。というのも、テーブルの上に置かれた瓶の水面を下から見上げれば容易にわかるように、海や川の表面が光を反射するからだ。魚の天空は、われわれの天空よりもずっと窮屈なのだ。

　水中よりはるかに閉所恐怖症を催しそうなのが、腸管の中である。サナダムシは何らかの洗浄によって外に流れ出て「再び星を見る」まで、そんな腸管の中で生きざるを得ない。しかし意外にも、サナダムシの円柱的幾何学は、われわれが慣れている幾何学にかなり似ている。円柱の曲面は、一見、球に似ているように思われるかもしれないが、後に見るように円柱と平面には共通点が多いのである。

　ここまで述べたように、進化の歴史がわれわれに押し付けた先天的な認識は、空間概念を「人間的に、あまりにも人間的に」してしまった。しかし少なくとも部分的には、そこから脱却できるのではないか。そんな希望もある。というのもおそらく先天的な認識は、できあがった幾何学よりも幾何学が作られる過程のほうに大きな影響を与えるからだ。したがって幾何学の歴史を辿れば、体に埋めこまれた先天的な認識そのものを取り出せるかもしれない。そんなことを期待しつつ、古代エジプトを訪ねることにしよう。

ナイル川ほとりの秘密

古代エジプト人

第
1
章
│
ナイル川ほとりの秘密──古代エジプト人

　「むかしむかしあるところに…、王様がいました」と、すぐ私の読者は
言うことでしょう。いいえみなさん、違いましたね。むかしむかしある
ところに、王様どころかファラオがいたのです[8]。その名はアメンエムハ
ト三世。前1800年頃、中王国時代の第12王朝の終わりに生きたファラオ
である。

　彼は、今日誰もが知っているような、マスコミにもてはやされるよう
なファラオではなかった。例えば、上エジプトと下エジプト、双方の王
位に就いていた女性、ハトシェプストはよく知られている。彼女は「王
家の谷」にある、幾層にもなる壮大な墓に埋葬された。アメンホテプ（ア
メノフィス）四世も知名度が高い。彼は一神教の発明者であったが、太陽
の神アトンに敬意を表して、イクナートンと称した[9]。彼の息子で、アメ
ンの正統派の復興者ツタンカーメン〔トゥト・アンク・アメン、つまり
アメン神の生ける似姿の意〕の墓から出土した遺物は現在カイロ博物館
に保存されている。カデシュの戦いの勝者ラムセス二世の人気も高く、
彼の４体の巨像は3000年以上も、アブ・シンベルを流れるナイル川を見
下ろしている。

　とはいえ、アメンエムハト三世は、彼の時代では重要なファラオであ
った。そして彼自身、しっかり２基もピラミッドを建てさせるほど自ら
を重要だとみなしていたのであった。１つはダハシュール、もう１つは
ハワーラに建造された。特に有名なのは、ハワーラのピラミッドの地下
墳墓である。その部屋数の多さ、通路の複雑さから「迷宮」と呼ばれ、
初期のギリシャ人の旅行者たちはクノッソスの宮殿の迷宮がコピーされ
たと考えたが、実際にはクノッソスのほうが数世紀後に建てられた。

古代ギリシャの歴史学者ヘロドトスは、『歴史』の第二巻でピラミッドそのものよりも迷宮の見事さをすごい奇跡であると讃えている。古代ローマの地理学者ストラボンは『地理誌』の最終巻で、訪れる者を啞然とさせ、方向を失わせてしまう中庭と回廊の迷宮について述べている。

神秘の宝石箱の鍵

　アメンエムハト三世の治世のもと、87の問題と、それぞれの解答が付された数学文書が書かれた。それはあらゆる時代を通じて最も古い数学文書の１つである。この文書は数十年後、エジプトがヒクソス人の支配に陥った第二中間期にパピルスの上に書き写された。

　その後、3500年以上も忘却のかなたに消えてしまっていたパピルスは、テーベ（現ルクソール）のラムセス二世葬祭殿近くの建物から19世紀半ばに再発見され、1858年、ルクソールで、アレクサンダー・ヘンリー・リンドというスコットランド人によって買い上げられた。この『リンド・パピルス』は大英博物館に保存され、通常の本と同じく、次のように、題名、作成時期、刊行日、発行人（しかしながら著者名はない）が記されている。

　『自然の中に入り、存在するすべてのもの、あらゆる神秘、あらゆる秘密を知るための正しい方法』

　本書は治世33年に書き写された。洪水の季節の４番目の月であり、上エジプトと下エジプトの存命の王、アウセル・ラーの統治のもとであった。過去に、上エジプトと下エジプトの王、故アメンエムハト三世の統治時代に書かれたものを写したものである。書記アーメスが書き写した。

　当然のことながら、このわずか数行を読むときに忘れてはならないのは、そのパピルスによって明らかにされる自然の神秘と秘密に迫るためには、まずパピルスそのものが隠している神秘と秘密、つまりヒエログリフとエジプト語が明らかにされねばならなかったことである。ナポレオンのエジプト遠征中の1799年にロゼッタ・ストーンが幸運にも再発見されなかったならば、また1824年のジャン・フランソワ・シャンポリオ

『リンド・パピルス』の問題51〜53

ンの大胆な『古代エジプト人のヒエログリフの体系の概要』がなければ、今日エジプトのパピルスは、マヤの碑文と同じく理解しがたいままであっただろう。

　『リンド・パピルス』のタイトルを読むだけで、古代エジプトの人々が、自然は神秘の宝石箱であり数学がそれを開けるための鍵であるとみなしていたとわかる。それは秘密結社の入会のための鍵であり、秘教的な鍵である。なぜならそれぞれの問題の解答が、たとえ誰かによって何らかの方法ですでに証明されているに違いない場合であっても、証明抜きに記されているからだ。

　証明抜きで解答だけを記す方法は、ある意味では古代エジプトや他の当時の王国の政治的かつ社会的構造を反映していた。実際、絶対主義においては、命令する者が自分の命令を正当化する必要もなければ、従う者が議論する権利を持つこともない。民主主義時代のギリシャでは、お互いが了解した後にしか命令は与えられることも実行されることもなく、合意に至るまでの議論は比較的開かれていた。数学の場合、その議論は証明の形を取る。

　『リンド・パピルス』も、図を用いている点では読者に歩み寄ろうとしている。問題は赤いインクで、解答は黒いインクで記され、あちらこちらに図が散見されるのだ。ただし『リンド・パピルス』は解説書というよりは教科書であり、問題と解答の背景にある知的な思考過程については、ただ想像することしかできない。

　古代エジプト人が数学、とりわけ幾何学に興味を持ち始めた理由は、『リンド・パピルス』の「最初の頁」（27頁引用参照）を見るとよくわかる。そこにナイル川の氾濫のことがほのめかされているように、毎年夏

の決まった時期に発生する洪水は、時を計算する基準として役立つほど
だった。しかし何よりも、洪水はエジプトの農業にとって決定的に重要
であった。エジプトは、かつてケメト（黒い土）と呼ばれた。ケメトは
砂漠の赤い土とは明らかに区別されるべきもので、洪水が運んできた泥
が土壌を肥沃にしていることを示していたのである。

　ナイル川流域の肥沃な土は、毎年の氾濫で水浸しになる。そのたびに
周辺の畑や小区画の土地の境界がわからなくなってしまった。そこで水
が引いた後の境界の再構築は、国の経済にとって大きな課題であった。
幾何学（geometria）という言葉が、土地を表す**ゲオ**（geo）と測量を表す
メトレイン（metrein）というギリシャ語から作られたことからわかるよ
うに、土地測量のための実用的な学問として幾何学は誕生した。

底辺かける高さ

　エジプトの幾何学者は、直線の**線分**（多角形の辺の長さ）を、ひもをぴ
んと張って測ったのだろう。**直角**、あるいは「まっすぐな角」は平角
（180°）の半分として決めたことも容易に想像がつく[10]。直角を作ること
は、ひもの端を固定して、もう一方の端をぴんと張ったまま回転させる
一種の「コンパス」を使えば難しくはなかった。1本の線分の周りに一
対の**円弧**を描き、それぞれの弧の交点を結べばよかったわけだ。

　同じ作業を3回繰り返せば、**長方形**を作ることができる。彼らは、長
方形の地所を線で描いて農業に役立てたはずだ。当時も今も農民は、自
分の畑の**面積**に強い関心を寄せる。実際『リンド・パピルス』の問題49
は、長方形の面積の求め方に関するものであり、それは明らかに「底辺
かける高さ」として計算されている。

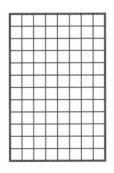

「明らかに」と言ったが、それはちょうど道路をタイルで舗装するように、エジプト人が長方形の地所をたくさんの小さな正方形に常に分けることができたと想定されるからだ。いったん掛け算が何を意味するかわかれば、事態はまさに明らかである。掛け算とは、小さな正方形の数を縦と横の両方向に必要なだけ数え上げることである（前頁右図）。

ところが、分割に使う小さな正方形について考え始めると、事態はそれほど自明ではなくなる。縦と横の2つの長さが、それぞれある共通の測量単位の倍数になっていなければ、長方形をその単位を1辺とする正方形で分割できず、常に同じ単位で長さを測ることはできない。しかしそんな単位を見つけることができるのか。

畑を測量するために、エジプト人が用いたのは、**キュビット**（肘あるいは前腕）と呼ばれる単位だ。ちょうどわれわれがメートルを単位に使うのと同じである。もし長方形の2辺がそれぞれ1メートルのある整数倍なら、その面積は1辺を1メートルとする面積**1平方メートル**の正方形がいくつになるか数えることで計算できる。もし1メートルが単位に使えなければ、1/10メートル、1/100メートル、1/1000メートルなどを単位に使えばよい。

畑を必要以上に正確に計測すること、例えば平方**ミクロン**（1/1000ミリメートル）単位の正方形で測ることは、意味がないだけでなくばかげている。エジプト人もその点は、気にかけすぎないようにうまくやった。さしあたっては、われわれもあまり気にかけないことにして、『リンド・パピルス』がどこを目指しているか見てみよう。

割ることの2

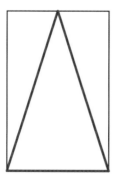

問題51のテーマは、三角形である。三角形という名前は、ギリシャ語の3を表す**トリア**と角を表す**ゴニア**に由来する。『リンド・パピルス』は、いかにその面積を計算するか教えてくれる。明らかに、今度は「底辺かける高さ割る2」が使われている。同じ足を持つという意の二等辺三角形は、ギリシャ語のイソス（等しい）とスケロス（足）に由来する。『リンド・パピルス』では、左図のよう

に、二等辺三角形が同じ底辺と同じ高さを持つ長方形とともに示されている。この長方形の面積の半分が、二等辺三角形の面積に等しいのは見ただけでわかる。

　二等辺三角形に、より一般的には頂点からの垂線が底辺上に落ちる三角形だけでなく、すべての三角形の面積に対してこの計算方法が有効であると納得するには、2つのことを観察すればよい。第1に、任意の三角形の面積は、それに対応する**平行四辺形**の面積の半分である。第2に、任意の平行四辺形の面積はそれに対応する長方形、すなわち同じ底辺と同じ高さを持つ長方形の面積と同じである。

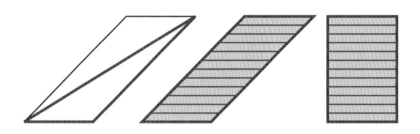

　第1の観察は、上の左図を見ればわかるだろう。第2の観察については、底辺に平行になるように並べられたパイプかストローでできた長方形を、同じ方向にずらしていくことにより変形してできた平行四辺形を思い浮かべればよい。さらに簡単なやり方としては、カードの束の側面に力を加えて、同じようなやり方でずらしてみればよい。もちろん現代の数学者にはこんな証明は満足できるものではないが、エジプト人にとっては疑いもなく十分であった。

　もっと厳密な証明について考え始めたのは、数世紀後のギリシャ人だった。特にソクラテス以前の折衷主義者デモクリトスにとって、これは検討する価値のある問題だった。デモクリトスが生きたのは前5世紀の後半であり、彼は自分自身について、いかなる数学者も数学においては自分を乗り越えることはできないと言っていた。「エジプトの綱を張る人でさえも」できないとも言っていたが、この表現はナイル川の国で幾何学が生まれ、利用されていたことを裏付けている。

　デモクリトスの主張は、プルタルコスが『共通観念についてストア派に対する反論』の中で次のように紹介している。

　デモクリトスは言っていたものだ。「もし円錐が底面に平行な面によって切断されるとしたら、その円形の断面についてどのように考えるべきであろうか。それら（向かい合う２つの断面）は互いに等しいのか異なるのか。もし異なるのであれば、その円錐は不規則な形で作られているのであり、段ごとにデコボコがあるのだ。もし等しいのであるならば、その円錐は実際には円柱である。したがって、円錐は複数の円形の断面によって作られるが、向かい合う断面は、等しいと同時に、異なってもいることになる。これは非常にばかげている」[11]。

　デモクリトスの反論を、平行四辺形と長方形に当てはめてみよう。長方形の底面に平行な面をずらして平行四辺形を作ると、段ごとにデコボコができ、その図形は次のようになってしまう。

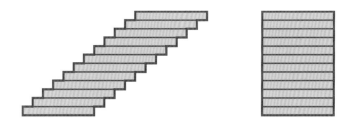

　しかしこれでは、もはや平行四辺形は得られない。この矛盾を解決するには、平行四辺形を無限に細かくしなければならないが、無限に関わる議論はギリシャ人にとってはタブーであった。

　この問題について大胆な見解を表明したのが、約2000年後のイタリアの数学者ボナヴェントゥーラ・カヴァリエーリだった。彼は1635年の著作『不可分者の幾何学』[12]の中で、正しい図形はそのように段々状に作られるが、「無限に分割された」高さだと述べた。「無限に分割する」とは、どんな分数よりも小さいがゼロではない長さに分割することである。現実にそんな分割が可能かどうかはともかく、この曲芸でもってすべての図形はなめらかになる。

　以上の問題は、後の数学者たちが関心を持ち熱心に研究した。正確に言えば、これは古典的な幾何学よりも現代の解析学に属する問題だ。そのためこれ以上ここに深入りすると、エジプト人の興味を引いた実用的な問題から完全に離れてしまう。われわれは今エジプト人について話し

エジプトのピラミッド、左からサッカラ、ダハシュール、ギザ

ているのであり、彼らに話題を戻すことにしよう。

世界の七不思議

　後世の数々のファンタジー作品にインスピレーションを与えたのが、古代エジプトだ。ヨゼフやモーセが登場する聖書から、エルキュール・ポワロが難事件を解決する推理小説やインディ・ジョーンズが何度も窮地を逃れる冒険映画まで、古代エジプトと何らかの関わりのあるものたりは数限りなくある。しかしどれ一つとして、貴重な考古学的出土品や、遺跡が生み出す現実の魅力には及ばない。例えばカイロの博物館の宝物、カルナックとルクソールの神殿、王家の谷の墳墓、アブ・シンベルのモニュメントは、かつて砂漠の砂に埋もれていたが、忘却のかなたから再び姿を現わして以来、世界中から訪れた旅行者に夢を見させてくれる。

　しかしそんな遺物や遺跡も、ピラミッドには対抗できない。ピラミッドという名前は、火を表す「ピル」というギリシャ語に由来すると考えられている。というのもピラミッドは、炎の先のように尖った形をしているからである。いくつかのピラミッドは、サッカラにあるジェセル王のもののように、大きな階段状になっている。また別のものは、ダハシュールにあるスネフェル王のもののように、側面に２つの異なる傾きを持っていて、下半分は大きく上半分は小さくなっている。多くのピラミッドは、スネフルの息子、クフ王のギザにある非常に有名なもののように、正方形の底面と三角形の面を持つものである。

　古代ギリシャ人と古代ローマ人は、クフ王のピラミッドを世界七不思議（七つの巨大建造物）の１つに数えていた。この大ピラミッドは、七不思議の中で最も古く唯一現存している。他の６つの不思議が、これと張

り合うことは難しい。なぜなら2000年も後に作られた庭、寺院、彫像でしかないからである。威厳があり幾何学的なこの石の山ほどに、荘厳で尊敬に値するものは何もない。このピラミッドは、4500年以上前に遡り、カフラーとメンカウラーの2つの小さめのピラミッドを横に従えている。そして、おそらくクフ王自身を描いた、大スフィンクスの像も従えている。

　ピラミッドには、静かな独創性と言うべきものがある。まるで騒々しい歴史の専門家と素人の秘境好きを数多く招くために、わざわざそれと反対の性質を与えられたかのようだ。専門的な本屋であろうとなかろうと、その本棚を覗き見るだけで、俗なエジプト学の基本的な問題に答えようとするテキストが膨大な量に上ることがわかる。ピラミッドは何に使われたのか、どのように作られたのか、中にはどれほど価値のある宝物が入っていたのか、構造にはどんな神秘的な比率が隠されているのか。

　ピラミッドの建設者たる人民の幾何学的感覚が、かなり発達していたのは間違いない。彼らは、すべて等しい辺と角からなる**正多角形**の概念を持っていた。何よりもすばらしいのは、すべて等しい面と角からなる**正多面体**の概念を持っていたことだ。それはピラミッドの建築にとってだけでなく、幾何学にとっても意義深いことであった。

　実際に正多面体のうちの2つは、ピラミッドの形のバリエーションとして得られる。その1つ**正四面体**（tetraedro）は、底面が三角形で4個の正三角形から作られる規則的なピラミッドと言える。もう1つの**正八面体**（ottaedro）は、正方形の底面を持つ2つのピラミッドの底面どうしをくっつけることによって得られる。したがって、8個の正三角形によって構成される。明らかにこれらの名前は、ギリシャ語の4を表す**テトラ**（tetra）と8を表す**オクタ**（okta）と面を表す**ヘドラ**（hedra）に由来して

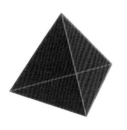
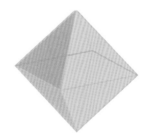

いる。

　あいまいさを避けるために注意しておこう。正確には大ピラミッドは、正八面体の半分ではないのである。面の三角形は二等辺三角形であって、正三角形ではないのだ。底辺は約230メートルであるのに対して、側辺は約220メートルである。たとえほんのわずかであるにせよ、正三角形からズレているのである。したがって傾斜角にしろ、高さにしろ、必要な分には少し届かない。前者は3度足らないし、後者は16メートル足りない。大ピラミッドは後で見るように、単に別の比率を満たすように建てられたからである。

　しかしおおよそ他の文明のピラミッドは、ちょうど正八面体の半分である。古代のマヤの建造物から、パリのルーブル美術館のガラス製の現代建築に至るまで。

底面かける高さ割る3

　ここまでピラミッドの建造に対して、エジプトの建築家たちが、どれほどの情熱を注いだかを見てきた。今度は数学者たちの興味を引いたピラミッドの幾何学的な特徴を見てみよう。実は『リンド・パピルス』に記された問題のうち5個が、ピラミッドの傾斜をテーマにしている。例えば底面と高さが与えられたとき、どのようにして傾斜を計算するのか、あるいは底面と傾斜が与えられたとき、どのようにして高さを計算するのかといった具合である。

　ところでエジプトの数学の最も進んだ驚くべき結果は、いわゆる『モスクワ・パピルス』に見出される。パピルスが保存されているプーシキン美術館がロシアの首都モスクワにあることから、その名前がついた。1893年にエジプト学者のウラジーミル・ゴレニシチェフによってエジプトのテーベ（現ルクメール）で買いつけられ、ロシア皇帝の政府にわたった後、1912年にモスクワに落ち着いた。

　あいにく冒頭の部分が欠けているため、それがいつに遡るのか正確にはわからない。古文書学が特定した時代は、おおよそ『リンド・パピルス』の誕生した時期に重なる。具体的には、エジプト中王国末期の王朝の頃のようだ。ただし『モスクワ・パピルス』は、『リンド・パピルス』より保存状態が劣悪であるだけでなく、より短く、収録された問題の数

も25個しかない。

　しかしその中の問題14は、『リンド・パピルス』にはない宝石の1つと言える。そこにはピラミッドの角錐台、つまり未完成のピラミッドの体積を、どのようにして計算するのかが述べられている。その解答からエジプト人が、ピラミッドの体積の計算のために**「底面かける高さ割る3」**という公式を使っていたと推測できる。

　いつものようにわれわれは、その公式がどうやって発見されたのかわからない。しかし、それを想像してみることはできる。

①ピラミッドを、相対する3組の面がすべて平行な六面体「平行六面体」と比べてみる。そうすると、ピラミッドの体積が、それに相応する平行六面体の体積の3分の1に等しいことがわかる。

②同じ底面と同じ高さを持つすべての平行六面体は、同じ体積を持つことに気づく。特に各面が長方形である平行六面体、すなわち直方体の体積は、底面と高さの積によって与えられる。

　こうして問題を解く鍵は、**平行六面体**にあることがわかる。平行六面体とは、互いに平行な3対の平行四辺形からなる立体である。ちなみに、ギリシャ語のエピペドンは「平らな面」、グランメは「線」を表すので、ヨーロッパの言語で、平行六面体は「平行なエピペドン」、平行四辺形は「平行なグランメ」に相当する名がついている。

　等しい底面と等しい高さを持つ平行六面体の体積がすべて互いに等しいこと、とりわけそれに対応する直方体と等しいことを確かめるためには、われわれがすでに平行四辺形と長方形に対して行った「トランプの手品」[13]をもう1度繰り返せば十分である。

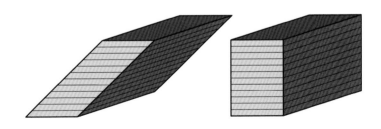

　平行六面体は、1組のカードとみなせる。それは、横方向にも奥行き方向にもずらすことができるが、高ささえ変わらなければ体積は変わらない。言い換えると、カードを箱から出して1枚も加えたり減らしたり

することなしに、ただ滑らせるだけなら、その1組のカードの体積は、初めの体積と常に同じなのである。

長方形が、たくさんの小さな正方形に分割できたことを思い出そう。その面積は、底辺と高さをかけることによって得られた。これと同じように、直方体の体積は、たくさんの小さな立方体からできていて、底面と高さをかけることによって得られる。あるいは、「長さかける奥行きかける高さ」で得られると言ってもよい。

ピラミッドとそれに対応する平行六面体との関係は、どうだろうか。下図のように、平行六面体がすべて同じ面を持つ直方体、すなわち**立方体**の場合には、これを正方形の底面を持つ同じピラミッド3個に解体することができる。

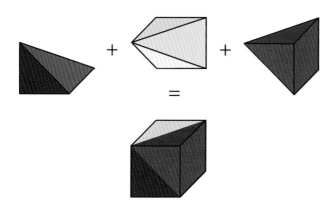

しかし、直方体に対して同じことはできない。3つのピラミッドに解体できるものの、もはや3つとも同じ形にはならないからだ。ただし、形は違っても、3つのピラミッドはそれぞれ同じ体積を持つ。そのことを確かめる方法はたくさんあるが、最も簡潔なのは、直方体の体積を保ったまま、直方体の縦、横、高さの比率を変え、立方体に変形させる方法である。

おそらくこれはちょっとずるいトリックだが（一般に**アフィン変換**と呼ばれる）、人生とはそのようなものである。真正面から勝負するのは割に合わないし、この場合そこまで努力する価値はない。われわれは古代エジプト人たちがどのようにこうした結果を証明したのかわからないし、実際のところ、ごまかしをやったのかもしれない。例えば直方体の模型

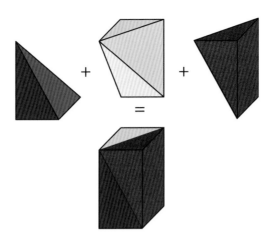

を作って、3つの断片に分けた上で、砂や水でそれらを満たし、物理的に重さを計って、それぞれの断片の重さを比較する方法がある。アルキメデスは著作『方法論』の中で、これと同様の方法を、もっと工夫した上で示している。

　『方法論』によれば、ピラミッドの体積が「底面かける高さ割る3」に等しいことを最初に証明したのはデモクリトスだと言う。デモクリトスは、トランプのトリックには満足しなかったのだ。ここでもまたわれわれは彼がどのようにそれを証明したのかはわからない。しかし、前5世紀後半に彼が成し遂げたことは知っている。

　それは、エジプト人たちの直観から1000年も後の話である。エジプト人たちは、それほども早くそれほども多くのことを理解していたのだ。それこそが彼らの大きな功績であった。

第2章

神々は倍々ゲームをする

インド人

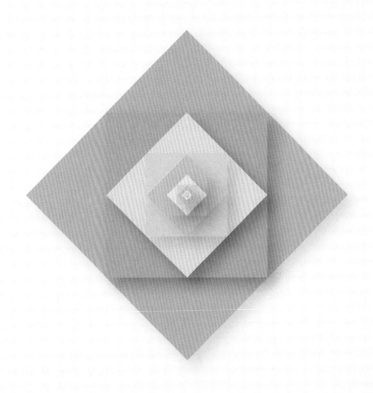

第2章　神々は倍々ゲームをする——インド人

　「東は東、西は西であって、互いに出合うことはないのだ」と、イギリスのノーベル文学賞作家ラドヤード・キップリングは『東と西のバラード』で言ってのけた。インドに対するこのように間違った認識が、平凡で人種差別的でもある１人の作家によって西洋に広く共有されるようになったのは、本当に残念なことである。この作家は、自作の詩の題名で、帝国主義を『白人の責務』と定義した。ちなみに背負ってくれとは、誰も頼みもしなかった責務である。

　したがって何十年にもわたって、インドはわれわれにとって『少年キム』を始めとするキップリングの小説とものがたりによって、ハリウッド風の土地として印象づけられたままだった。しかし大英帝国の凋落と崩壊に伴って、彼の声明は具合の悪いものとなり、より繊細かつ洗練した別なものに取って代わられた。例えばエドワード・フォスターの『インドへの道』や、ポール・スコットの『ラジ４部作』に。インドの印象をわれわれに残してくれた、数限りない旅人たちについては語るまでもない。マーク・トウェインのようなアメリカ人たち、ピエール・ロティのようなフランス人たち、ヘルマン・カイザーリンクのようなドイツ人たち、アルベルト・モラヴィアのようなイタリア人たちなど……。

　しかしながら西洋からの声をいくらあげたところで、インド人にとって代わることはできない。ヴィヤーサの『マハーバーラタ』、ヴァールミーキの『ラーマーヤナ』のような古典から、作家のラビンドラナート・タゴール、映画監督のサタジット・レイ、経済学者で哲学者のアマルティア・センというノーベル賞やオスカー賞の受賞者たちによる現代の作品まで、インド人自身が西洋中心主義的な見方を覆す作品や研究成果を

世界に示しているからだ。

　インド人らが伝えた正真正銘の人文主義は、驚嘆すべきことに数世紀も続くモニュメントを生み出した。アグラのタージマハール、デリーの赤い城、アムリトサルの黄金寺院、ラージャスターンの丘陵要塞、アジャンターとエローラの絵の描かれた石窟、タミル・ナドゥのヒンドゥーの建築、ラダックの仏教僧院、グジャラートのジャイナ教寺院などである。

瞑想！迷走！ [14]

　とかくインドはよく理解されず、非常に一面的にしか見られていないものだ。しかしインドの文学や芸術にとどまって、その科学や数学を知らないままに終わるのはもったいない。とりわけインドの数学は、歴史上少なくとも2度、世界の最先端にあった。最初の千年紀の後半に、インド人はゼロを発明した。この**算術**における成果は、ギリシャ人にもローマ人にも知られていなかった。そして14世紀後半にはケーララのマーダヴァが、三角級数を発見して**解析**における成果を上げたが、これもその3世紀後、ニュートンとライプニッツの偉業とされることになってしまった。

　幾何学でも、インド人たちは偉大な足跡を残している。彼らが幾何学を発展させたのは、かなり儀式的な目的のためだった。それは驚くにあたらない。というのも宗教の多様性は、ときに応じて国の生命を活気づけたり消沈させたりするほど大きいからだ。今日でもどこかの寺院を訪れれば、奉納台の上に、下のような不可思議な幾何学図形が刻まれた金属製プレートをふと見つけることがある。

　これは、宗教的儀式や瞑想に用いられるスリ・ヤントラと呼ばれる図形である。スリ・ヤントラの重要性は高く、バラモン教の聖典『ヴェー

ダ』の１つ『アタルヴァ・ヴェーダ』の中のある讃歌が、この図形に捧げられているほどだ。４つある『ヴェーダ』は古代インドの言語サンスクリットで書かれ、前1200年から前1000年にかけての時代に遡る。賢人アタルヴァンが書いたとされる４番目の『アタルヴァ・ヴェーダ』には、多くの呪文や呪術が集められており、内容は最も秘教的だ。

　スリ・ヤントラは、儀式だけでなく天文学の研究にも使われてきた。インド人たちが、かなり早くから数学に関心を持っていた証拠である。**ヤントラ**という言葉は、サンスクリットの「コントロールする」を表す**ヤム**と、それを名詞化する接頭語**トラ**とに由来する。したがってその意味は、瞑想を視覚的に「コントロールするもの」である。その点、非常に有名な**曼荼羅**である「円」に似ているが違いもある。**ヤントラ**が、より幾何学的でヒンドゥー文化的な表現が支配的であるのに対し、**曼荼羅**は、より絵画的に描かれ、仏教の伝統を色濃く受け継いでいる。

オムあるいはアウム

　ヤントラは、**マントラ**と**タントラ**とともに三位一体の儀式実践システムの一部をなしている。「考える」あるいは「話す」を表す**マン**に由来する**マントラ**は、儀式のとき口に出す決まり文句である。これらの決まり文句の中で最も有名なものは、「オム」あるいは「アウム」である。それはスリ・ヤントラに対応する「偉大なる音」であるだけでなく、キリスト教の「アーメン」とイスラム教の「アーミーン」の語源でもある。

　それに対して**タントラ**は、「編む、組み合わせる」を表す**タン**に由来する言葉で、多かれ少なかれ性行為の方法に関係している。ただしかなり高度な性行為である。スリ・ヤントラの場合、４個の上向きの三角形がシヴァ神及び男性的力を象徴し、５個の下向きの三角形がシャクティ女神と女性的豊かさを象徴する。さらに両者が組み合わされて、全体がタントラ的交わりをもたらすと解釈される。その真意を理解できるほど洗練されていない信者たちは、神々による多種多様で、あからさまな性行為を想像するかもしれない。

　現代の精神分析家なら、なぜこのような方法で瞑想する必要があるの

かと考えるだろう。それに対して数学家は、スリ・ヤントラの9個の三角形が交差することで新たに43個の小三角形を生み出し、5つの同心円的グループに分けられるという事実に興味を持つ。まず外側に14個を持つグループ、ついで内側に向かっていくと10個を持つグループが2つ、8個を持つグループ、1個を持つグループになる。瞑想するとき、43個の小三角形を外側から内側へ順番に目を移していけば、最終的には文字通りにもメタファーとしても点に達する。この点は**ビンドゥ**と呼ばれ、三角形の浸透が終わるところとされる。

　スリ・ヤントラの力が望まれた通りの効果を生み出すには、その構造が、正確かつ複雑な幾何学的法則にしたがっている必要がある。とりわけ外側に配置された最大の大きさを持つ2つの三角形の底辺の両端角は、51度半でなければならない。その角は、クフ王の大ピラミッドの側面の傾斜角度とほぼ一致する。これは驚くべきことのように思えるが、実際にはどちらの場合も単にある種の**黄金比**が使われただけである。黄金比については、後の章で詳しく紹介しよう。

浄化と星 [15]

　スリ・ヤントラが、最初から今見る通りの正確さと複雑さを備えていたはずがない。海の泡から生まれたヴィーナスのように生まれつき美しく、一人前であったとは考えられないからだ。むしろある単純な形が連続的に成長した結果、あるいは悪化した結果として、幾何学的に興味深い、バロックを思わせるほど過剰な三角形の図形は完成されたと考える方が合理的である。

　おそらく2つの三角形を交差させることによって得られる図形が、真珠の核のような役割を果たしたのだろう。2つとも対称的で、3辺が等しい三角形（正三角形）の場合には、右のように単純な図形が得られる。

　ヘブライ文化では、この図形は「ダヴィデの星」と呼ばれている。なぜなら、古代の王ダヴィデという名前に含まれる2つのdはもともとΔ（デルタ）と書かれており、

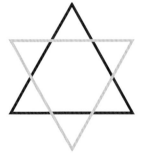

その2文字を交差させることでこの図形が得られるからである。これは聖書の中で言及されているわけではないけれども、伝統的にユダヤ人のシンボルとみなされている。ナチスは、1941年に占領地域でユダヤ人を識別する印としてこの図形を使った。そしてダヴィデの星は、1948年以来イスラエル国旗に燦然と描かれている。

　しかしこの図形が登場するのは、ヘブライ文化よりヒンドゥー教の文化のほうが早い。いつもながらのことだがヒンドゥー教では、この図形に宇宙的なセクシュアリティの意味が与えられていた。上向きの三角形は**リンガム**、すなわちシヴァ神のファルスを象徴し、下向きの三角形は**ヨーニ**、すなわちシャクティのワギナを象徴している。そしてこれら上下2つの三角形の相互浸透、すなわち交差は、男性原理と女性原理の融合を意味している。この場合にも、あまり洗練されていない信者のため、こうした抽象的表現の代わりに、もっとあからさまな表現が用意されていた。

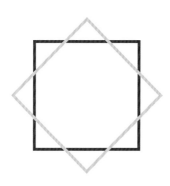

数学的に興味深いのは、2つの正三角形の対称的な交差が（中央部に）正六角形を生み出し、その六角形のそれぞれの辺の外側に小さな正三角形を生み出すところである。これは最も単純な**星形正多角形**の1つである。同じ「遊び」を、一般化してみよう。例えば、2つの正方形を、向きをずらして重ねると左のようになる。

　この場合、正三角形ではなく二等辺三角形を持つ星形正八角形が得られるが、これもまた東洋では宗教的なシンボルとして使われている。ヒンドゥー教徒が、これを**ラクシュミーの星**と呼ぶのは、運命の女神によって与えられた八つの豊穣が表わされているからである。一方、仏教徒たちは、この図形をブッダの胸の上に描いた。彼らはここに悪い精霊を閉じ込めておくことができると考えたのだ。

　正方形を重ねると星形正八角形が、正八角形を重ねると星形正十六角形が得られる。この過程を続けてゆくと、正多角形を重ねて内部にできる図形は次第に円に近づく。こうした星形多角形が宗教的に使われた例

は、すでに引用したシヴァのリンガムに見出される。それはヒンドゥー教の寺院の至るところにあって、三角形よりも、ずっとあからさまに聖なるファルスを表わしている。

　一般にリンガムは、単に円柱の上に半球が乗った形をしている。カンボジアのアンコールの寺院では、いくつかのリンガムが3つの部分に分けられている。下部では正方形、中間部では八角形、上部では円なのだ。この場合、3つの部分はそれぞれブラフマー、ヴィシュヌ、シヴァを表わし、全体で三神一体を象徴している。他方、数学的には、**円周率**の値に連続的に近づいていく様子が表わされている。

　同じ図像は、キリスト教のうちにも見出される。ただし都合よく翻訳されており、いくつかの宗派においてタブーとされていた性行為の要素は削られてしまった。キリスト教の場合、3つの像は、キリストの瞑想を通じて人間から神へ昇華する過程を象徴している。洗礼堂が八角形をしているのは、そういうわけである。イスタンブールのソフィア聖堂のように、教会が正方形の平面、八角形のドラムを経て、クーポラが丸い平面を持つのも同じ理由である。

　1432年に完成したヤンとフーベルト・ファン・エイク兄弟の《神秘の子羊の礼拝》も、同じテーマのバリエーションである。それは、ベルギ

ヤンとフーベルト・ファン・エイク、《神秘の子羊の礼拝》、1432年、部分

デル・モンテ城

一の都市ヘントの12枚のパネルで構成された祭壇画（多翼祭壇画と呼ばれる）の１つで、中心の場面が描かれている（前頁絵）。八角形は洗礼盤、正方形は天使が置かれている祭壇、円は精霊がハトの姿で飛び立っていく場所に使われている。

　多くの建築物が正八角形を採用している。何よりもまず、ギリシャ・ローマの水のニンフに捧げられた建物と、すでに取りあげたキリスト教の洗礼堂が挙げられる。アーヘンのパラティーナの礼拝堂も正八角形だが、その中では皇帝が、それまた八角形の王冠を戴冠した。テンプル騎士団と他の宗教軍隊によって建てられた多くの聖なる建造物もすべて、エルサレムの今は失われたキリスト昇天の聖堂、インボモンをモデルとしている。アルアクサの岸壁のドームやモスクも正八角形であり、ともにエルサレムにある。イタリアのバーリの近くにあるデル・モンテ城は外側と内側に八角形の二重構造を持っている。周辺に配置された８本の八角形の塔の頂点でも、その構造が繰り返されている（上写真）。

　中国では、完全な線「**陽**」と途切れた線「**陰**」を３本組み合わせて得られる、８通りの神秘的な八卦が古代から伝えられている。この３本線［卦］は、韓国の国旗に使われているだけでなく、**風水**で

は家の内装や庭の最良の配置を見つけるために今も使われている。他方、八角形は、コップから鏡に至るまでさまざまな埋葬品のデザインに使われている。

もっと大きな祭壇が欲しい

　古代インドでは、宗教的儀式に必要な祭壇を設置するとき、数学が重要な役割を果たした。その方法について述べているのが、『シュルバ・スートラ』である。同時代の『ウパニシャッド』がより文学的で詩的な作品であるのに対して、『シュルバ・スートラ』はその付録に位置づけられ、内容は専門的である。

　初期の『シュルバ・スートラ』は、前700年頃に遡り、その名前が示すように、「ヒモ［シュルバ］についての詩［スートラ］」を集めたものである。同書から明らかなように、インドの幾何学者もエジプトの仲間たちと同じく、土地を測量したり建物を建てたりするために、ピンと張ったロープを用いていた。それらの詩歌は、彼らにとって、典礼上の形と比率に関する複雑な規則を覚えるのに役立っていた。

　家庭での祭礼所の私的な祭壇は、円柱や平行六面体など平凡な形が使われた。それに対し公的な祭壇は、もっと手が込んでいた。最も特徴的なものでは、飛び立とうとするハヤブサの形のものさえある。おそらくバラモンも信者も、ダンテと同じく、祭壇も作らずに儀式をするのは「翼もなしに飛びたつことに他ならない」と考えていたからであろう [16]。

　ハヤブサの形は様式化され、厳格に決められた比率を持っていた。中心の体は正方形を４つ合わせたもので、翼は正方形１つとその５分の１を足したものであった。尾は正方形１つとその10分の１を足したものであった。全体は200個のレンガを必要とし、５段の層になっていた。したがって、全部で1000個のレンガでできていた（次頁図）。最も注目すべき点は、儀式を催すたびに祭壇の比率は保ちつつ、その面積を拡大していったことである。正方形の１辺を１**プルシャ**とし、最初の祭壇の面積の合計は7.5平方プルシャだった（１プルシャは、人間が両手を上に上げたときの高さに等しかった）。面積は段階的に毎回１平方プルシャずつ広げられ、94回で、101.5平方プルシャになり、それは最初の祭壇の約14倍の大きさであった。

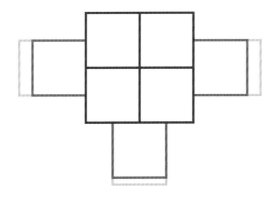

祭壇の拡大は、インドだけでなくギリシャ神話にも見られる。偽エラトステネスからプトレマイオス三世に宛てられた手紙の中で、ある伝説が語られている。プトレマイオス三世は前250年頃の王である。プトレマイオス三世は出征したとき、妻ベレニケは彼が生還することの引き換えに自分の髪を切るという誓いをたてた。彼女の行為は、ベレニケの「髪の毛座」という星座名の由来となった。プトレマイオス三世は、このエピソードによって歴史に名を残している。

さて手紙には、われわれがすでにめぐり合ったクノッソスの迷宮の建造者ミノスが登場する。ミノスは、立方体の墓を息子のグラウコスのために建てさせたが、完成したのを見てそれでは小さすぎると感じ、1辺を2倍にすることによって体積が2倍になるように命じた。明らかに彼は、立方体の1辺を2倍にすると体積が8倍になることに気づいてはいなかった。そのことに気づいた他の幾何学者たちは、この問題を解決しようと奮闘したものの、解決には至らなかった。その後、これは**立方体の倍積**問題として知られるようになった。

これとよく似た伝説が、本物のエラトステネスによって『プラトニクス』で報告されている。今度はデロス島の守護神アポロンが、島の信者たちに対し、疫病を鎮める代わりに祭壇（立方体）の倍積を要求したようである。やはり信者たちは1辺を2倍にする同じ間違いを犯した。これについて古代ギリシャの哲学者プラトンは、祭壇を2倍にさせることではなく、ギリシャ人たちに数学を知らないことで恥じ入らせることがアポロンの目的だったとコメントしている。

後にも先にも、宗教的な立方体の建物はたくさんある。ソロモン神殿

の本殿はその１つであった。そこには、最近インディ・ジョーンズに再発見されたことになっている「契約の箱」が安置されていた。メッカのかの黒石を納める神殿もその１つであり、それはまさにアラビア語で立方体を意味するカアバと呼ばれている。けれども、ヤーウェもアラーも、アポロンと異なり、それらを倍積にすることには興味を示さなかった。

　立方体は、エジプトとギリシャの神殿の他、ロマネスクやゴチックの教会でも使われている。聖なるものでなく俗なるものだが、ニューヨークのイサム・ノグチによる《レッド・キューブ》（1968年）は、現代の最も有名な例である。

（左）メッカのカアバ神殿
（右）イサム・ノグチ、《レッド・キューブ》、1968年

数学のはしため [17]

　立方体の倍積問題に取り組む前に、「いかにして、正方形の２倍の面積を持つような、もう１つの正方形を作るのか」という**正方形の倍積**問題に取り組むのが理にかなっている。なぜなら、三次元的な問題より、それと類似する二次元的な問題の方が簡単なはずだからだ。

　正方形の倍積は、明らかに祭壇の倍積と実質的に同じである。したがって、『シュルバ・スートラ』にその解決方法が見られるとしても驚くにあたらない。すぐ後で見るように、単に出発点となる第１の正方形の対角線を、第２の正方形の辺の長さに使えばよいのだ。そのためか、一般

に正方形の対角線は、「2倍にするもの」を意味するドヴィカラニと呼ばれていた。

　西洋ではプラトンの著作『メノン』にも、同様の解決方法が見出される。それは前400年の直後に、歴史上最初の数学的証明の証拠となった。プラトンにとってはいつも通りのやり方だが、彼が残した証明は、体力が奪いとられるほど長い。というのもプラトンは、アポロン（apollo）というよりはお人好し（pollo）らしく、彼の本当の興味は、数学を教えるところにではなく「アナムネーシス」の理論を守るところにあったからだ。この理論によれば、人は学ぶのではなく、不死なる魂がすでに知っていたけれども誕生の際に忘れてしまったことを思い起こすだけだという。

　プラトンは自身の目的を達成するために、幾何学のことは知らないと称する奴隷を使った。2プゥスの辺を持つ正方形、つまり面積4の正方形をどうやって倍にすればよいのか、ソクラテスから奴隷に尋ねさせているのだ。奴隷は辺を2倍、つまり4プゥスにすると答えている。ソクラテスは、そうすれば、面積は16になってしまって、8にはならないのだと気づかせている。すると奴隷は、3プゥスにすること、つまり与えられた数値と倍のものとの間をとることを提案した。ソクラテスは、もう1度そのようにすれば、面積が9になって8にはならないことに気づかせた。そしてついには、ソクラテス自身が彼に、アナムネーシスなどそこのけで解答を与えてしまっている。

　もともとの正方形の対角線を、正方形の辺に使えば面積が2倍になることを納得するためには、下図のどちらか1つを眺めて、小さな三角形の数を数えればよい。奴隷にも哲学者にも、それを証明することは可能だ。しかしその発見には、誰かは知らないが数学者を必要とした。

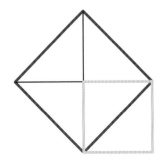
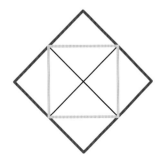

これ以上何を望むと言うのだ

　正方形の倍積問題の解決策がいったん得られると、それを応用して他のさまざまな例を考えることができる。第1に、正方形を拡大する方向に、あるいは縮小する方向に変形する、つまり正方形の面積を連続的に倍にするか半分にすることによって、正方形の展開をいくらでも繰り返すことができる。

　そのようにして、正真正銘のヤントラを構成する入れ子式の図形が得られる。実際、カンボジアのアンコール・ワットからジャワ島のボロブドールの寺院まで建築物で時折、この図形が見られる。これは正真正銘の**フラクタル**（自己相似の形）であり、今日ではコンピュータ芸術のテーマとしても好まれている。

ボロブドール寺院（ジャワ島）

次に、**正方形の３倍積**の問題に取り組もう。今見た２つの図が、ヒントを与えてくれる。両方とも「もとの正方形の対角線を１辺とする正方形の面積が、もとの正方形の辺を１辺とする正方形２個の和に等しいこと」、別の見方をすると「二等辺直角三角形の斜辺を１辺とする正方形の面積が、二等辺三角形の直角を挟む２辺をそれぞれ１辺とする正方形２個の和に等しいこと」を教えてくれる。色分けされた下の図を見ると、それがよくわかる。

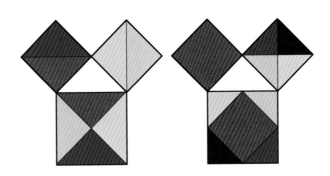

それでは、二等辺ではない直角三角形の場合にも当てはまるだろうか。つまり「直角三角形の斜辺を１辺とする正方形が、直角を挟む２辺をそれぞれ１辺とする正方形２個の和に等しい」と言えるだろうか。この命題については、第４章で立ち戻ることにしよう。

今のところ、われわれは次のことを示すだけにとどめよう。この命題が真であると**仮定**すると、直角三角形の直角を挟む辺のうち短い方の辺

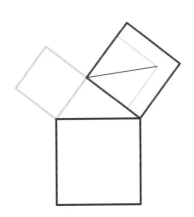

を1辺とする正方形①に対して、もう一方の辺を1辺とする正方形②の面積が2倍になるとき、その斜辺を1辺とする正方形③の面積は、正方形①の3倍になる。

正方形の4倍積も、直角三角形の斜辺を使えば得られる。直角三角形の直角を挟む辺を1辺とする正方形の内の1つの面積が3倍になっていればよい。このように続けていくと、最初の正方形の何倍であっても、適当な辺を見つけることができる。言い換えると、インド人にしろギリシャ人にしろ、先ほどの**仮定**を証明すれば、われわれは一般に**正方形の多倍積**問題を解決することができるのだ。

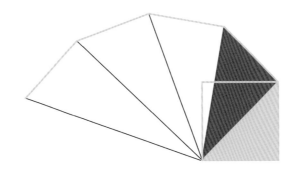

任意の正方形から始めて、ついでその対角線を1辺とする正方形を作ると、2倍積の問題が解決される。その対角線に対して、最初の正方形の辺と同じ長さの垂線を引いて得られた直角三角形の斜辺を使うと、3倍積の問題が解決される。さらには、その斜辺に対して、最初の正方形の辺と同じ長さの垂線を引く。こういう具合に次々と、多倍積問題を解決する辺が得られる。

しかし、この結果をそのまま**立方体の倍積**問題に応用できるわけではない。正方形の倍積に役立った方法、つまり最初の立方体の対角線を1辺とする立方体を作っても、その体積は最初の立方体の2倍にはならない。

その対角線で得られるのは、正方形の3倍積の問題のもう1つの解決法である。そうかといって最初の立方体の底面の面積を2倍にしても、われわれは道から逸れてしまい、やはり2倍の体積を持つ立方体は得られない。

　ギリシャ人たちは、あらゆる方法で挑戦し、いくつかの複雑な解決策を見出した。しかしそのうちのどれ1つとして、ロープを引っ張ったり、回してみたりするおなじみの方法（またはコンパスと定規を使う方法）では、立方体の体積を2倍にする辺を得ることはできなかった。この問題は、数学の大きな不思議の1つとされ、何千年も未解決問題のままだったが、1837年、ついにピエール・ヴァンツェルが代数学を使って解決した。何とその解決とは……、「解決方法がないということ」だったのだ！

　ギリシャ人たちはロープを引っ張ったり回転させたりして、1つの立方体体積を2倍にする立方体の1辺を見つけることはできなかった。しかし彼らが優秀ではなかったというわけではない。まさにどうしようもないことだった。だから神アポロンは彼らに趣味の悪い冗談を言って遊んだのだ。では、心を落ち着かせ、文句を言わずに、もっと立ち向かいやすい話題に移ることにしよう。

第3章

ピラミッドを測量する男

タレス

ギリシャ神話によれば、海の神ポセイドンと学問の女神アテナが、アテネの町の建国を巡って競ったという。引っ込みのつかなくなった両者は、決着をつけるにあたり、ついに市民たちを巻き込んだ。ポセイドンとアテナは選挙運動にはげみ、最終的な裁決をする前に両者ともにアテネの市民に贈り物をした。ポセイドンは馬を、アテナはオリーブの木を贈った。ある老人が前に進み出て、２つの贈り物のもくろみは対照的で、前者は戦争と征服であり、後者は平和と繁栄であるという見解を述べた。

　その町はアテナを守護神に選んでアテネと名乗り、アクロポリスの丘の上に、アテナの処女性に敬意を表してパルテノン神殿を捧げた（パルテノスというギリシャ語には「処女」という意味がある）。そのお返しに、女神はアテネの市民を知的な学問に導き、その結果、アカデメイア、リュケイオン、ストアという３つの大きな学派が開花した。女神は政治的な知恵の道にも市民を導き、最終的にアテネに民主主義をもたらすことになった。

　前1000年頃、専制政治から民主主義への中間的過程として、アルコン制が設置された。もともとアルコンは単に選挙で選ばれた終身の王であった。続いて前750年頃に、その任期は10年に減じられた。前683年からアルコンは９人となり、籤（くじ）で選ばれるようになった。最初は貴族のみから選ばれていたが、前457年からは、小さな土地所有者からも選ばれるようになった。そのうちの１人が、自分の治世期に名前をつけた。そのためアルコンは、エポニモス（名づけ親）と呼ばれていた。ちなみに、ギリシャ語でエピは「上に」オノマは「名前」を意味するからである。

デメトリオス・パレレオスの『アルコンのリスト』によれば、ダマシアスというエポニモスが、前583年に**七賢人**を布告した。それは古代の七賢人の生涯に対して与えられる、一種のノーベル賞あるいはオスカー賞であった。当然彼らはギリシャ人の賢人であった。というのもギリシャ人でなければ野蛮人、言葉通りの意味で「もごもご言う者」であったのだから。

一口に七賢人と言っても、メンバーにはさまざまなバリエーションが伝えられている。プラトンの『プロタゴラス』で紹介されているメンバーには大きな権威が与えられているが、うち5人は知られざる著名人と言っていい。ミュティレネのピッタコス、プリエネのビアス、リンドスのクレオブロス、ケナイのミュソン、スパルタのキロンだ。一方アテネのソロンは比較的よく知られているが、彼にとって有名になることは不本意であった。なぜなら今日「ソロン」は、「偉そうな話し方をする人」と同義になってしまったからである。

哲学者タレスと召使い

人文主義者の墓場をほっつき歩く特別な興味を持つ人にだけでなく、世界中の人々に今日でも知られている七賢人の1人は、ミレトスのタレスのみである。無理もないことだ。タレスは他の6人のように政治家や文学者であっただけでなく、哲学者、数学者でもあったのだから。定理や証明が特定の個人に帰するものとして記憶された例は、歴史上、彼が最初だと考えられる。

ディオゲネス・ラエルティオスの著作『哲学者列伝』は、約百人におよぶ哲学者の人物伝をまさにタレスから始め、前600年前後に生きたとされる彼について、ある程度信用できる逸話をいくつか集めている。あるとき漁師が、偶然にも海で黄金の鼎（かなえ）を釣り上げた。この鼎を誰に与えるべきか、デルフォイの神託に伺うと、人間の中で最も賢い者に贈られるべきだと言う。この神託にしたがって、鼎はタレスのものとなった。ところが謙虚なタレスは、賢人とされる他の人物にこれを渡し、貰った者はまた別の者に渡し、とうとう一巡して、その鼎はタレスのもとに戻って来た。こうして、七賢人の「閉じたサークル」が生まれたのである。

タレスが残したとされる数々の意味深い格言が、彼の賢人ぶりを証明している。彼によると、最も難しいのは自分自身を知ることで、最も易しいのは他人に助言をすることである。彼は、3つの幸運を与えられた運命に感謝していた。順番に言うと、獣ではなくて人間として、女ではなく男として、そして野蛮人ではなくてギリシャ人として生まれたことである。

タレスはただ賢かっただけでなく、機智にも富んでいたらしい。「生と死には違いがない」と主張した彼は、「それならばどうしてあなたは死んでいないのか」と問われ、こう言い返した。「まさに違いがないからだよ」。また別の者が、「昼と夜のどちらが先に生まれたのか」と聞いたところ、彼は「夜が1日早く生まれたんだよ」と答えた。不倫をした者から、「不倫をしていない」と誓ったものか聞かれたときには、「偽証することは不倫ほども悪くない」と答えてみせた。

思索に没頭するタイプにありがちだが、タレスには少し不注意なところがあった。ある晩、家の外を散歩中に星を眺めていたところ、井戸にはまってしまった。彼が文句を言っているのを聞いた召使いが言った。「空のことまで知っているつもりでおられますが、足元にあるものさえ見ることができないんですね」。この逸話は、理論的知識と実践的精神の隔たりを示しているが、まさにその断絶を示すために作り出されたのかもしれない。

いずれにしてもタレスは、本気で星々を観察したはずである。実際、タレスこそ北極星の発見者であるし、後にフェニキア人たちがそれを航海の指針とするようになったのである。太陽の動きが夏至から冬至へ、冬至から夏至へ回帰する、と最初に説明したのもタレスであった。前585年の日食のときには、太陽の見かけの大きさは、月の大きさに等しいとした。マンドロリュトス某がこの発見に感激して、タレスに報酬としてお金を払おうとさえしたが、彼は拒否して言った。「この発見を広めるときに、私がその発見者であることを言ってくれればいいよ」。

タレスは、「万物の根源は水である」とした。この有名なアイデアを思いついたのは、それこそ井戸にはまっているときだったのかもしれない。一見したところ、万物は土あるいは空気、火であるなどとしたソクラテス以前の他の学者たちの主張と同じく、ばかげているように思える。しかし、土、水、空気、火の「四元素」が、物質の固体、液体、気体とい

う状態のメタファー、あるいはある状態から別の状態へと変わるための
エネルギーのメタファーと考えると、彼らのアイデアも、それほどばか
げたものとは言えなくなる。実際、氷から水へ、水から水蒸気へという
具合に、物質の状態は移り変わっていくからだ。

　同様にばかげているように見える「万物は生きており、ダイモン（神
的な存在）に満ちている」という考えも理解できる。琥珀と磁石による
電磁的現象の観察から、タレスはこんな考えに到達したのだろう。ちな
みに、磁石（マグネット）という言葉は、その産出地であったテッサリア
地方のマグネシアという地名に由来する。他方、電気は、ギリシャ語で
エレクトロンというが、ヨーロッパの諸言語の電気関連の言葉にその痕
跡が見られる。

　脱線するが、イタリア語の「琥珀（ambra）」という言葉は、アラビア
語の「マッコウクジラ（'anbar）」に由来する。というのもマッコウクジ
ラが分泌する「灰色の琥珀（ambergris）」[18]と呼ばれる浮遊する固体の物質
と混同されたからである。

ギザへの遠足

　タレスには師匠がいなかったと見られるが、エジプトへの旅行中に出
会った聖職者は例外だ。これもまたディオゲネス・ラエルティオスによ
るのだが、タレスはエジプトにおいて、ピラミッドの高さを計算した。
人体の高さとその影の長さがちょうど等しくなるとき、ピラミッドの影
の長さを測ることによって。

　この逸話が虚構なのか事実なのかはともかく、タレスの方法を理解す
るためには、まずオベリスクを測らなければならない。オベリスクは古
代エジプトの神殿などに設置された記念碑だが、その名前は文字通りに
はギリシャ語のオベロス（串）に由来する。27本のオリジナルなものが
知られているが、エジプトにはたったの8本しか残っていない。他のも
のは盗み出されて、賑わった場所に置き直された。バチカンのサン・ピ
エトロ広場、ローマのポポロ広場、パリのコンコルド広場、イスタンブ
ールの競馬場の広場（スルタン・アメフト広場）などである。

　オベリスクは、細くて長い角錐台であり、角錐の形をした**ピラミディ
オン**が上に乗っている。もともとは金箔や銅で覆われていて、太陽を反

ローマのポポロ広場のフラミニオ・オベリスク

射するようになっていた。実際、オベリスクは太陽光線を象徴していた
し、計算上では、垂直な線分とみなされ得る。

　タレスは、太陽が人間の背の高さに等しい影を生ずるときには、オベ
リスクの影の長さもまたその高さに等しいと考えた。言葉を変えれば、
人間と影そしてオベリスクと影がなす２つの図形は、それぞれ正方形を
半分にしてできる三角形であり、その片方の辺の長さがわかればもう一
方の辺もわかる道理である。

　このように言えば、自明のことのように思える。しかし、全然そうで

はない。「人間とその影がなす三角形が正方形の半分である」は、出発点、すなわち人間の影はその高さに等しいという事実に根ざした**仮定**（ipotesi）、あるいは推定（supposizione）である。ちなみにギリシャ語では、仮定は「上に置くこと」、推定は「下に置くこと」を意味する[19]。しかし「オベリスクとその影による三角形もまた正方形の半分である」は、その到達点である。それはわれわれが確立すべきで守らなければならない**テーゼ**、「置かれたもの（posizione）」である。このテーゼが正しい場合に限り、オベリスクの影の長さと高さは等しくなる。

　タレスの新機軸は、まさに数学へ**証明**を導入したことである。彼は仮定とテーゼをつなぐ橋を作った。上の問題の場合、最初のステップは、人とオベリスクがなす 2 つの三角形のそれぞれ対応する辺が互いに平行である点に注目することだ。つまりわれわれは、 2 つの**相似の三角形**の前にいるのだ。

- 底辺は、ともに同じ 1 つの平面の上に乗っている。人間とオベリスクはすぐそばにあって、地球は平たいと考えられるからだ。
- 上に伸びる辺は、平行である。両者ともに、地球と底辺に対して垂直であるからだ。
- 斜辺は平行である。太陽は地球から十分に遠く、その光線は平行であるとみなされるからだ。

　第 2 のステップでは、「相似の 2 つの三角形は等しい角度を持つ」ことに注目する。それを確かめるには、まず人間とその影とによる三角形を底辺の面に沿って滑らせ、オベリスクとその影とによる三角形の直角と一致させ、さらに人間とその影がなす三角形を水平あるいは垂直に滑ら

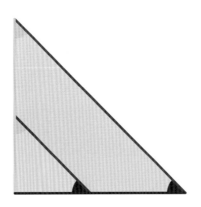

せ、オベリスクとその影がなす三角形の残りの2角と一致させればよい。

第3のステップでは、オベリスクとその影がなす三角形は、人間とその影がなす三角形と同じ角を持つので、後者の三角形が正方形の半分であるとき、前者の三角形もまた正方形の半分である点に注目する。こうして最後の結論に達する。オベリスクとその影がなす三角形の直角を挟む2辺は等しく、影の長さからオベリスクの高さもわかるのである。

オベリスクからピラミッドへ

オベリスクの高さを求める上記の方法は、とてもすばらしいものだが、ピラミッドの高さを決定するにはまだ十分ではない。オベリスクの影の長さは、地面の上でほぼ完全に計測することができる。なぜならオベリスクの底辺の長さはごくわずかであり、無視しても全体に影響しないからである。しかしピラミッドについては、その外にある部分しか影の長さを計測することができない。影の先端からピラミッドの底面の中心までの長さは、測り得ないのだ（下の左図）。

しかし、太陽光がピラミッドの2つの側面に平行になり、他の2つの側面に垂直になる瞬間を待てばよいのだ。そのとき影の先端からピラミッドの底面の中心までの長さは、ピラミッドの外に出た影の長さと底面の1辺の半分の長さの和に等しくなるからだ（下の右図）。

ということになると、ギザの大ピラミッドの高さを測るためには11月21日か1月20日にそこに行き、正午にピラミッドからはみ出た影の長さを測りさえすればよい。実際ギザの緯度のおかげで、上の2つの日には、太陽は正午に人の背の高さと同じ長さの影を生み出す。ピラミッドの4

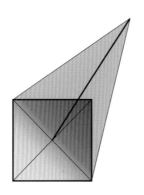
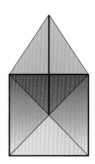

つの側面がそれぞれ東西南北を向いているので、どんな日も正午には太陽が上の条件を満たす位置に来る。

ファラオが私の証人だ

　ディオゲネス・ラエルティオスが語る通り、タレスは1年の中の限られた2日にたまたまギザに居合わせ、エジプト人を驚かすことができたのだろうか。実際は違ったと考えられる。プルタルコスの著書『七賢人の饗宴』によれば、その出来事に居合わせたらしいアマシスというファラオが次のように証言している。

　「君はピラミッドから投影された影の先端に杭を埋めた。太陽は2つの三角形を生み出した。そして、ピラミッドと杭の間には、その影と影の間にあるのと等しい比率があることを君は証明した」

　この方法なら、どの日の正午でも測量できる。太陽が人体の高さと同じ長さの影を生み出す特別な2日を待つ必要はないのである。しかしその前に、「2つの三角形が相似であれば3組の辺の比が等しい」ことを証明しなければならない。その上で、杭なり人間なりの高さから、その比を使ってピラミッドなりオベリスクなりの高さが求められるのだ。
　2つの三角形が相似であるとき、対応する角が等しいことは、先の証明と同じように2つの三角形をずらしていけば証明できる。三角形が相似であるとは、2つの三角形が同じ三角形を大きさだけが違うように拡大または縮小して描いたものであることを意味する。こうして、2つの相似の三角形の対応する3組の辺の比が等しいこともわかる。
　相似の三角形の対応する辺の比について、われわれが今証明した内容

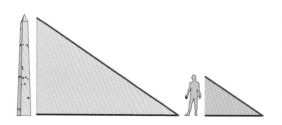
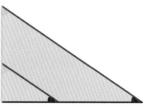

は、まさに「タレスの定理」と呼ばれるものである。この定理は一般に
成り立ち、ここまで考察してきた直角三角形だけに当てはまるのではな
い。実際、上に挙げた証明で使われている人とその影による三角形とオ
ベリスクとその影による三角形の唯一の特徴は、2つの三角形の3辺が
それぞれ平行であることだけである。すなわち、まさに2つの三角形は
相似なのだ。

2本の平行線と1本の横断線の交差

　相似の三角形をずらしていけば、2つの三角形のそれぞれ対応する角
が同じであることを証明できる。この方法から、交差する2直線のうち
1本の直線に平行な直線を複数作ることができる。こうして、タレスに
よって証明された有名な定理が新たに得られる。「2本の平行線を横切る
直線が作る同位角は等しい」（下の左図）。
　このことからすぐさま、「1本の直線に横切られた2本の平行線が作る
錯角は等しい」こともわかる。なぜなら、頂点で向かい合う角（対頂角）
は、明らかに等しいからである（下の右図）。

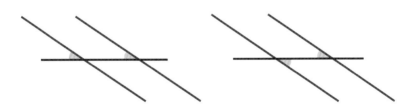

　さらにここから幾何学において最も有名なだけでなく、最も重要でも
ある定理の1つ「三角形の内角の和は、平角（180度）である」が得られ
る。あまりにも有名なため、この定理と同様の内容を持つ定理がダンテ
の『神曲』天国篇にまで収められている。第17歌第14-15行に次のような
1節がある。「地上の人の頭でも三角形の中に2つの鈍角が入らないこと
がわかる」。
　地上の人間の頭でこの定理が正しいことを確かめるには、まず三角形
の底辺に平行で、頂点を通るような直線を引く。このとき他の2辺は、

平行線を横切る2本の直線とみなせる。それぞれの錯角は、底辺の2つの角に等しく、頂点に1つに集められた角は、平角となる。

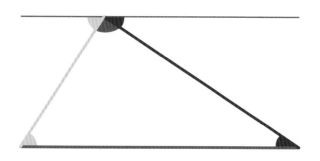

ロバの橋

対頂角は「明らかに」等しいと、前頁では述べた。しかしタレスは、そんな決めつけには満足しなかった。彼が数学に残した偉大な足跡の1つは、一見自明に見える定理をきちんと分析して、証明したことである。

なぜなら、ギリシャ語のアは「不可」、トモスは「切られた」あるいは「分けられた」を意味し、かつて「分けることができない」とされていた原子を現代物理学は素粒子に分けることに成功したからである。

「対頂角は等しい」ことを証明するには、2つの角それぞれに対して角の外に同じ角を加えればよい。そうすれば、どちらの角も直線上に並ぶため平角になる。もう1つの方法は、より視覚的だと言える。外角の二等分線に沿って鏡を置き、鏡に映る一方の対頂角がもう一方の対頂角を反射した関係になっていることを観察するのだ。

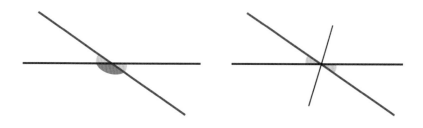

同様の方法で、「二等辺三角形は底辺の両端の角（底角）が等しい」というタレスの「明らかな」定理のうちの別の1つとすることができる。今度は頂点から引いた二等分線に沿うように鏡を置き、鏡に映る一方の底角がもう一方の底角を反射した関係になっていることを観察すればよい。この証明では、同じ1つの三角形が、それ自身と、鏡の中の自身の像の二役を同時にこなしているのである。

この美しい証明は、アレクサンドリアのパップスという300年頃を生きた数学者によるものである。それよりも1000年も前を生きたタレスの証明が、いったいどのようなものであったかはわれわれにはわからない。ユークリッドの証明は複雑で、橋を少し思い起こさせるような図形を使っていた。13世紀にはロジャー・ベーコンが、その図形に「ロバの橋」という名前をつけた。なぜなら学生にとってユークリッドの証明は、落ちこぼれやすい難関となっていて、それを超えてロバ（愚かな者）たちは、前に進むことができなかったからである。

円と『神曲』[20]

タレスは、これらの結果すべてに満足できたに違いないが、さらにもう1つの発見をした。これは彼の最高傑作と言っていい。この定理「半円の直径を1辺とし、半円に内接する三角形は直角三角形である」も、

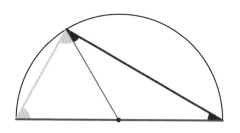

しばしば**タレスの定理**と呼ばれている。

　タレスによってすでに証明された定理を使えば、この定理も証明することができる。半円の直径を１辺とし、半円に内接する三角形は、半円の中心と三角形の頂点を結ぶ線分によって、円の半径を辺として持つ２つの二等辺三角形に分けられる。二等辺三角形の定理により、それらの底辺の両端の角はそれぞれ等しい。三角形の内角の和の定理によって、これらの４つの角の総計は平角に等しい。円周上にある頂点角は底辺の２つの角の和に等しいが、それは４つの角の総計の半分であり、平角の半分つまり直角になる。

　もう１つの証明は、おそらくはもっと直感的に理解できる。まず円周に沿って、三角形の各点を180度回転する。こうして得られる四角形は平行四辺形となる。この平行四辺形の２本の対角線はいずれも円の直径に等しいこともわかる。２本の対角線が等しい平行四辺形は、長方形になるはずである。

　この定理をひっくり返して、「直角三角形は半円に内接する」という新

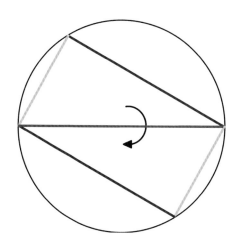

たな定理を作ることも可能だ。これを証明するには、直角三角形を斜辺の中心の周りに180度回転させる。こうして１つの平行四辺形を作ることができる。平行四辺形の４つの角のうち、すでに２つの角が直角である。残りの２つの角も互いに等しいので、それぞれ直角であるはずである。したがって、その平行四辺形は長方形である。２本の対角線は頂点から等しい距離で交わるが、その交点は長方形に外接する円の中心になる。こうして直角三角形の底辺は、それに外接する円の直径となる。

　この結末もまた、『神曲』天国篇の第13歌101-102行目に「半円から直角を持たないような三角形を作ることはできない」という形で触れられている。この数世紀の間に、どれほどの文学批評家が、ダンテの言うことを理解しただろうか。しかしダンテは数学については、神学ほど咀嚼できていなかったと思われる。したがってダンテ自身どれほどわかっていたかは疑問である。

　『神曲』全体の中で数学の定理が引用されているのは、たった２カ所である。しかし、その両方ともがタレスのものであるのは意味深い。タレスが「偉大な精神」の持ち主であることは、想像上の叙事詩からだけでなく、実際の科学史からもわかるのである。

第4章

非合理が表舞台に

ピタゴラス

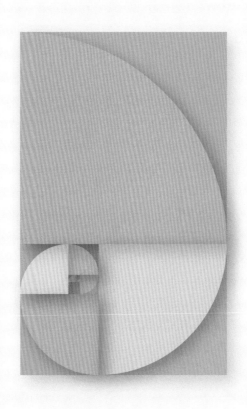

第4章 ｜ 非合理が表舞台に──ピタゴラス

　夜明けの最初の光がさす頃、ひとりの天の使いが東の空に現れる。新しい1日の到来を告げるのだ。この天の使い「明けの明星」は、太陽を別にして、天空で最も明るい天体の1つである。そしてこれまた太陽を別にして、深夜には見られず日が出ている間に見られる唯一の天体でもある。

　ギリシャ人は明けの明星を、フォスフォロス（光をもたらす者）と呼んだ。ローマ人は、これをラテン語に置き換えて、ルキフェルと呼んだ[21]。ダンテの『神曲』に登場するルチーフェロ（ルキフェル）は、もともと天使でありながら、天に背いて地獄に落ちた悪魔とされる。しかし、もちろん明けの明星と悪魔との間には何の関係もない[22]。ただ、ルチーフェロは天文学に背いたというとでも言えようか。というのも天文学（astronomia）は、ギリシャ語で星々の法（ノモス）を意味するからだ。

　木星は、地球の惑星軌道に対して外側の惑星である。一方、明けの明星は、内側の惑星である。そのため木星は夜に見えるが、明けの明星は見えない。しかしそれぞれの明るさはほとんど同じだ。ルチーフェロが木星（ゼウス）に匹敵するほど明るくなろうと試み、その行為を咎めたゼウスがルチーフェロを天から追い出したという寓話は、ここから生まれた。

　日暮れの最後の明かりの中に、もうひとりの天の使いが西に現れ、1日の終わりを告げる。今度の天の使いは「宵の明星」だ。明けの明星と同じくらいに明るい宵の明星を、ギリシャ人たちはヘスペロス（夕方の星）と呼んだが、夕方はヘスペラであるからである。ローマ人たちは、それをウェスペロと訳し、そこから、ヴェスペロ（夕暮）というイタ

リア語の言葉が派生した。

　ギリシャ人たちは神羅万象を神話で味付けしてものがたりを作ったものだが、フォスフォロスとヘスペロスは、エーオースとアステリオン[23]、ローマ人にとってのアウローラ（曙）とトラモント（夕暮れ）の子どもであった。さらに、エーオースは、ヘリオスとセレネの妹、つまり太陽と月の妹という具合であった。

　エーオースは朝、家を出て、ホメーロスの唄う「バラ色の指」で天の門を開け、兄の外出を告げた。一方アステリオンという名前は、「星」を意味する。その名の通りアステリオンはエーオースとともに、数々の星の家族を生み出した。その家族には、明けの明星や宵の明星以外の惑星も含まれる。ギリシャ語のプラネーテースは、「さまようものたち」という意があるが、惑星は「さまよう天体」とされ、恒星「不動の星」とは区別された。

彼がそう言ったのだから

　あるとき誰かが、明けの明星と宵の明星は同一の天体であるということに気がついた。それは、偉大な瞬間だった。何千年もの間、別のものとされてきた2つの惑星が融合したのだ。2つの現象は同じ1つの惑星、金星によって引き起こされていたことが明らかにされた。

　今日でもそのことは、哲学者たちにとても強い印象を与えている。分析哲学の創始者ゴットロープ・フレーゲは、19世紀末、「明けの明星」と「宵の明星」を、**意味**と**意義**が一致しない言葉の例として取りあげた。フレーゲにとって、意味とはその言葉が指示する対象のことであり、意義とは意味が与えられる形式のことである。「明けの明星」と「宵の明星」が指示する対象は、同一で金星だが、表現のされ方は異なる。

　一方、存命する分析哲学者の中で最も有名なソール・クリプキは、明けの明星と宵の明星が同一であるという知識を、**アポステリオリ**で必然的な真理の例であるとした。なぜなら明けの明星と宵の明星が同一であることは経験的に（アポステリオリに）得られた知識だが、両者の同一性は理論的には必然だからである。

　ディオゲネス・ラエルティオスの『哲学者列伝』によれば、その偉大な発見をした「誰か」とは、ピタゴラスである。ピタゴラスはタレスと

同じくエジプトで修練を積んだ。しかしタレスとは異なり、頭が幾分いかれているらしかった。ピタゴラスは人間の輪廻転生を信じこみ、それぞれの前世を記憶しているとも言い張った。

　飲み食いをなるべく控え、肉、赤い魚、それに何とそら豆を避けるように説いたところを見れば、ピタゴラスは盲信家でもあった。しかしそら豆の禁止には、おそらくそうするだけの正当な理由があった。そら豆の摂取後に貧血を引き起こす男性特有の遺伝病が、実際に発見されたからである。「ソラマメ貧血症」と呼ばれる遺伝病は、ピタゴラスがサモス島から引っ越したクロトンのあたりで流行ったらしい。

　彼自身がそれを患ったか、単に他の者たちを守ろうとしたかっただけなのかどうか、われわれは知らない。ただわれわれが知っているのは、誰もピタゴラスが笑ったり冗談を言ったりするのを見たことがないこと、その上、キリスト教のイエスのように振る舞ったことである。彼は、いかなる種類の肉体的欲求も満たそうとしなかった。自分の妻テアノの誘いにも乗らなかった。テアノは、次のような言葉を残している。「恥じらいは衣服のようなものです。床に付くときにはとればいいですし、起きるときには再び身につければよいのです」。

　ピタゴラス神話を広く世間に訴えることは、彼の取り巻きたちの役目であった。弟子たちは、ピタゴラス教団への入団を認めてもらうために自分たちの財産を供出しなければならなかった。しかも彼らは、最初の５年間は話すことすら許されず、ただ聞くだけに徹しなければならなかった。今日の多くの教師が、学校で採用したくなる規律に違いない。

　弟子たちは財産を強制没収され、徹底的に洗脳されたのである。だから裸のピタゴラスを目撃した弟子が「師匠は金の腰を持っている」とか、別の弟子が「ネッソス川を渡って行く師匠に、やあピタゴラス、と川が挨拶するのを聞いた」と言い張ったとしても不思議ではない。

　クロトンにあった教団施設は、前500年頃、入団を許されなかった候補生によって、あるいは秘密結社にうんざりしていたクロトンの市民によって、火をつけられたと考えられている。ピタゴラスは、その秘密結社の予言者かカリスマの役割を果たしていた。「彼がそう言ったのだから」という言葉に、お墨付きを与えるニュアンスが加わったのは、「彼」がピタゴラスを指してから後だと考えられる。中世において、アヴェロエスが「彼」をアリストテレスに置き換えたが、以後「彼がそう言った

のだから」は、権威づけの原理によく使われる決まり文句となった。

　町から追い出されたピタゴラス派の人々は、ほとんど全員が消え失せたという。ほんのわずかに生き残った者もどこかに消えてしまい、師匠はまもなくメタポンティオンで息を引き取った。教団の秘密主義と狂気を考えると、実際の教義が何であったのかはっきりしない。また、広く伝えられた思想のうちどれが彼個人に属するのか、彼の学派に属するのかもわからない。

　確かにピタゴラスの姿は神秘的で、他の多くの預言者と同様に創作された部分もある。しかし彼の信者ではないわれわれにとって、ピタゴラスが実在したかどうかは重要ではない。ましてや彼自身が人々に信じこませようとしたように、冥界に行った後、現世に戻ってきたという話を信じるわけにはいかない。われわれにとって重要なのは、彼が残したとされる定理だけだ。それは数学の歴史の中で、永遠に輝く遺産の1つである。

　ギリシャ語のマテマは「学習」であることから、「数学」と同じ語源を持つ学習者を表す**マテマティコス**は、ピタゴラス教団において、物事の説明が授けられる弟子たちを指していた。他方、アクスマは「音」であることから、聞き手を表す**アクスマティコス**と呼ばれる他の者たちは、根拠を知らされることなく事実や法則を習うだけで満足しなければならなかった。聞くための耳しか持っていない者は聞くように、しかし、習得するための頭を持っている者は習得するように、というわけである。

直角三角形の斜辺上に作られる正方形

　ピタゴラスと言えば、彼の名前を冠した定理を思い浮かべる人が多いに違いない。「直角三角形において、斜辺の上に作られた正方形は、直角を挟む2辺の上に作られた正方形の面積の和に等しい」。童謡のように古くから伝えられてきた定理だが、もちろんそれを習得することと聞くこととは別問題だ。

　彼の発見について、われわれは多くを知らない。ディオゲネス・ラエルティオスによれば、動物の殺害を禁じる教団規則を定めていたにもかかわらず、ピタゴラスは「その発見を祝って、たくさんの牛を犠牲に捧げた」とのことだ。しかしたとえ彼が本当に独力で発見したと認めるに

しても、この定理が彼の発見よりもずっと前から知られていたのは間違いない。

　もしこの定理がなかったら、インド人たちは、祭壇を建設したり増設したりといった彼らのお気に入りの問題を解決できなかっただろう。実際、カーティヤーヤナの『シュルバ・スートラ』の中に定理そのものが次のように書かれている。「長方形の対角線の上に張られたロープが作る面積は、垂直的な側と水平的な側に形成される面積の和に等しい」。

　明らかにインド人たちは、今日のわれわれと同じように、直角三角形を、直角を挟む１つの辺を底辺に、もう１つの辺を垂直方向の線にして描いていた。一方ギリシャ人たちは、底辺として斜辺を好んだ[24]。

　この定理がピタゴラスと結びつけられるのは、おそらく彼がこれに対する証明をいくつか残したからだろう。プロクロスが、『ユークリッド原論第１巻へのコメント』の中で証言している。「ピタゴラスが幾何学研究を自由な学芸に変えたのだ。彼はこの学問の原理を根底から調べ、非物質的にした上、知的な方法によってそれらの定理を証明した」。

　特殊な場合におけるピタゴラスの定理の証明については、すでに正方形の倍積問題においてその１つを見た。一般にその証明方法は、文字通り何百もある。イライシャ・ルーミスは著書『ピタゴラスの命題』に、約400もの証明を報告しているくらいだ。その最も直感的な証明は、次の２つの図を組み合わせるものである。その図はともに長い伝統を持つものである。

　まず第１の図は、アテネ近郊のアイギナ島で前404年より使用されたコインの裏側にあるものである。この図は約100年後に、ユークリッドの『原論』命題２の４の挿絵として収められている。

　第２の図は、52頁の右の図を見れば頭に浮かぶものであり、中国の古代の数学書『周髀算経』（日時計の針と天体の軌道についての古典）に見られる。その書は戦国時代に書かれたが、それよりずっと古いものの転写であろう。

　今、上の図を組み合わせて考えた次頁の図を比べて

アイギナのコイン

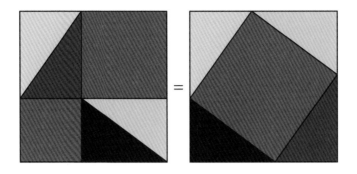

みよう。それぞれの図には、同じ直角三角形の4つのコピーがあることが見て取れるだろう。ただし注意が必要なのは4つの並べ方が異なる点だ。

　それでは次に、左の図から直角三角形の4つのコピーを取り除いてみよう。そうすると、直角三角形の隣辺（直角を挟む2つの辺）を辺とする正方形が2つ残される。2つの正方形の面積は、それぞれ隣辺の2乗で与えられる。

　さらに右の図からも直角三角形の4つのコピーを取り除く。今度は、直角三角形の斜辺を辺とする正方形が1つ残される。残された正方形の面積は直角三角形の斜辺の二乗で与えられる。もとの正方形の面積は左右とも等しいのだから、それぞれから直角三角形の4つのコピーを取り除いた後の面積も等しい。こうしてピタゴラスの定理は証明される。

　今挙げた2つの図を念入りに作り直した芸術家が、ピエト・モンドリアンとテオ・ファン・ドースブルフの2人である。それぞれの作品は、先に挙げた証明にインスピレーションを得て作られたと思われる。

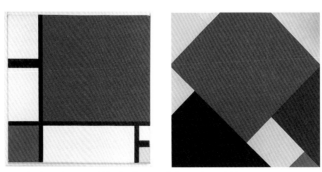

（左）ピエト・モンドリアン、《赤、青、黄のコンポジション》、1930年
（右）テオ・ファン・ドースブルフ、《カウンター・コンポジションⅤ》、1924年

もっとうまくできる

テル・ハーマルの粘土板

今紹介した証明は、非常に直感的なものである。だが直角三角形の４つのコピーについて、もう少し考えてみよう。実はピタゴラスの定理を証明するのに、もっと倹約的な方法があるのだ。その１つは、シュメール人の土地であったシャドゥプム、今日のイラクのテル・ハーマルで20世紀半ばに発見された楔型文字の小板に示されている。もしその小板が見かけ通り前2000年に遡る遺物だとすれば、数学史上、最も古いテキストの１つということになるだろう。

同じ図像は、ユークリッドの『原論』の命題Ⅵの８でも使われ、ピタゴラスの定理のもう１つの証明法となっている。12歳のアルベルト・アインシュタインも、1891年に同じ証明法を再発見し、70歳の頃に記した『自伝』に書き残している。「ある叔父がその定理について話してくれ、非常に苦労したあげく、私は三角形の相似を用いてそれを証明することができた」。

ジーノ・セヴェリーニ、《母性》、1916年

画家のジーノ・セヴェリーニも、同じ図像を応用して作品を構成した。それが1916年の《母性》である。さらに５年経って、著作『キュービズムから古典主義へ』の中で、《母性》は１本の対角線によって、２つの直角三角形に分けられ、母親の腕と赤ん坊の体はそれぞれの底辺に平行になるように配置したと説明している。そのようにして直角三角形の各辺の比率を、作品の構成に活かしたのである。

ピタゴラスの定理に対するこの証明の考え方は、本当に単純だ

が、同時に天才的だ。任意の直角三角形に対して、直角である頂点から
斜辺に垂線を引くと……、何とそれで十分なのだ。とはいえ、次の点に
注意すべきである。

＊垂線によって２つに分けられた直角三角形はそれぞれ最初の三角形に
　相似である。なぜなら、すべて同じ角を持つからである。

＊２つの小さな直角三角形を上側に反転させ、最初の三角形を下側に反
　転させると、三角形の辺上に３つの相似の三角形が得られる。

＊２つの小さな直角三角形の面積の和は、最初の三角形の面積に等しい。
　したがって、次のように推論することができる。「直角三角形におい
　て、斜辺上に作られた相似の三角形の面積は、２本の隣辺の上に作ら
　れた相似の三角形の面積の和に等しい」。

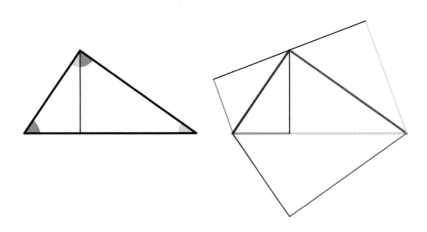

　これは、ピタゴラスの定理の偉大なる証明には見えないかもしれない。
というのもこの証明は、直角三角形の辺の上の「正方形」どころか、自
分自身に相似の「三角形」について述べているからである。ところが実
のところ、正方形を使う証明法を得るためには、直角三角形の各辺の上
に作られるいかなる相似の三角形の面積も、直角三角形の底辺の上に作
られる正方形の面積に比例していることを証明しさえすればよいのであ
る。

　直角三角形の各辺の上に作られる三角形は、もともとの直角三角形に
相似である必要はない。作られた図形どうしが相似であればよい。しか
も正方形の面積に比例してさえいれば、三角形である必要すらない。線

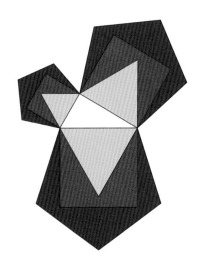

分の上に作られる相似の図形であればよいのだ。

こうしてピタゴラスの定理を一般化した、すばらしい定理が得られる。「任意の直角三角形において斜辺の上に作られたあらゆる図形の面積は、隣辺の上に作られた相似の図形の面積の和に等しい」。

ユークリッドはこの一般化されたピタゴラスの定理を、『原論』の命題Ⅵの31で発表している（ただし直線的な図形の場合）。ピタゴラスの定理が彼の想定を超えて拡張された今、彼が最初に定理を考案したかどうかは、もはやどうでもよいことである。

黄金比

美に魅せられたギリシャ人たちが、芸術表現に潜む完全な比を見極めようとしたとしても驚くにあたらない。むしろ驚くのは、1509年にルーカ・パチョーリが「神聖なる比」、あるいは1835年にマルティン・オームが「黄金比」と命名するはるか以前に、彼らがそれを見つけていたことである。

黄金比を発見したのは、またしてもピタゴラスかその弟子たちのようである。彼らは**黄金長方形**に着目し、黄金比を発見した。黄金長方形とは、長方形の短い方の辺を１辺とする正方形を取り去ったとき、残る長方形がもとの長方形に相似、すなわち対応する辺の比が等しい長方形のことである。このとき短い辺に対する長い辺の比は、約１：1.1618となる。

　黄金長方形のどこに、「神聖な」あるいは「黄金の」性質があるのだろうか。実際この長方形の辺の比、黄金比は、数学的な観点から見ればとりわけバランスがよく、美学的な観点から見ればとりわけ心地よいものである。言い換えると黄金長方形は、数限りない長方形の中でも、「最もよいもの」「最も美しいもの」なのだ。正方形のように対称的すぎず、横断幕のように対称性がなさすぎることもないからである。

　黄金比は、美術作品に数多く使われている。少々隠された形ではあるものの、あの大ピラミッドにも黄金比が見出せる。ピラミッドの底面は正方形だが、その辺の半分の長さに対するピラミッドの高さの比が黄金比になっているのだ。この事実は、偶然にもヘロドトスの『歴史』の記述が誤読されたのをきっかけに発見された。ある1節で、三角形の面積がピラミッドの高さを1辺とする正方形の面積に等しいと述べられているように読めたのだった。実際にはヘロドトスは、そんなことは言っていない。いずれにしてもピラ

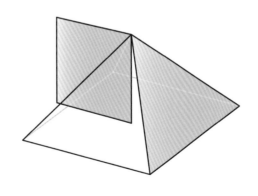

ミッドに黄金比が潜んでいることに変わりない。

　15世紀の半ばにピエロ・デッラ・フランチェスカが描いた《キリストの鞭打ち》には、もっとはっきりした形で黄金比が現れている。この作品は2つの場面に分けられ、1方は正方形、もう1方は長方形になっており、黄金長方形の定義そのものを示している（次頁）。建築家のル・コ

ピエロ・デッラ・フランチェスカ、《キリストの鞭打ち》、1444-70年

ルビュジエは、「黄金のモジュール」という意味を持つ建築の基準寸法シ
ステム『モデュロール』（1948年）を考案するとき、調和的な建物や家具
を設計するために黄金比を利用した。

　無数に存在する黄金長方形は、互いに相似である。実際、黄金長方形
はすべて同じ長方形で、単に異なるスケールで描かれただけとも言える。
黄金長方形から正方形を取り去ると、さらに小さな黄金長方形が再度得
られる。そのようにして、長方形の大きさだけ変化する過程が無限に続
くのである。

　黄金長方形を無限に作る過程は、少なくとも２つの結末を導く。１つ
はよい結末、もう１つは悪い結末である。よい結末の方から紹介しよう。
黄金長方形から順々に取り去られるさまざまな大きさの正方形の中に四
分円を内接させることができるが、それらを繋ぎ合わせると、**黄金螺旋**
が得られる。黄金螺旋は**対数螺旋**の一種で、大小どちらの方向にも拡張
することができ、数学的に
も美学的にも、その属性は
「驚異的」だ。中でも最も驚
異的な属性は、螺旋上をい
くらズームしても、常に同
じイメージが得られる点だ。

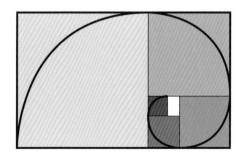

　自然においては、カタツ
ムリから台風、銀河系に至

るまで、対数螺旋の例が見出される。その数はあまりにも多いので、セオドア・クックの『生命の曲線』（1914年）とダーシー・トムソン『生物のかたち』（1942年）の2点の古典的な著書を始めとして、そのテーマだけを扱った本があるくらいだ。しかしそうした本で紹介される模様が、すべて黄金螺旋であるというわけではない。黄金螺旋の例としてしばしば取りあげられるオウム貝も、実際は黄金螺旋ではない。

悪魔的比率

　先に予告したように、黄金長方形を無限に作る過程は、都合の悪い結果も導く。というのも、「黄金長方形の2辺は互いに通約できない」からだ。黄金長方形の短い辺と長い辺の長さは、共通の単位を持たない。すなわちある数の倍数として、両辺の長さを表すことができないのだ。

　もし2辺が互いに通約可能なら、長方形をある決まった数の方眼に分けることができる。そして短い辺のほうに作られた正方形を順次減らしていくと、遅かれ早かれ最後の正方形（方眼）に行き着いて終わってしまうだろう。ところが黄金長方形の場合、そのような方眼はそもそも存在しない。これが通約不可能の意味するところである。

　2辺が通約できない長方形は、厄介な存在である。なぜなら、面積の概念に再考が迫られるからだ。古代エジプト人について述べた章では、

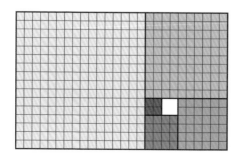

いかなる長方形もある特定の数の小さな正方形に分割し、その正方形を数えることで面積を求めることができると説明した。しかしこの方法が可能なのは、実は2つの辺が互いに通約可能である場合に限られる。

ギリシャ人たちは通約可能性に対して、**ロゴン**（合理的）という言葉をあてており、今日でも「有理数」と述べるために使われている。合理性を好んだギリシャ人の中でも、信仰の域に達するほど合理性を重んじたピタゴラス派の人々は、次のような標語を残している。「すべては合理的である」と。

しかし通約不可能性、すなわち非合理[25]の発見によって、彼らの標語の誤りがあからさまになった。その結果、合理性を至上のものとする彼らの哲学はむしばまれた。そんな彼らが秘密を守ろうとしたのも当然である。誰かが秘密を暴露しようものなら、彼らは容赦しなかった。イアンブリコスは、『ピタゴラス的生き方』で次のように述べている。

> 「ピタゴラス教団の教義を知る価値のない人々に対して、通約可能性と通約不可能性の性質を最初に明らかにした者は、教団の激しい怒りを買い、教団や食堂から追い払われるだけでなく、かつては友人であってもあたかも死者のように扱われ、墓まで用意されたと言われる」

しかし結局、通約不可能性を隠し通すことはできなかった。黄金長方形以外にも通約不可能性が見出されてしまったからだ。最もよく知られた例に、「正方形の対角線と辺は互いに通約できない」というものもあった。その証明は、より複雑ではあったが……。

ピタゴラス派の人たちは、幾何学的な図形の中に近代物理学で言う**不確定性原理**に似た性質があることに気づいたのだ。2つの大きさに対して片方を正確に測ることができる単位を使って、もう一方を正確に測ることができない場合があるのだ。まさに、神的なものが邪悪なものに、黄金比を介して悪魔的に結び合わされるのである。

ペンタゴンと危機

通約不可能性は、5つの辺を持つ**正五角形**（ペンタゴン）にも見出される。ギリシャ語のペンテは、「5」という意味であるが、今日、ペンタゴ

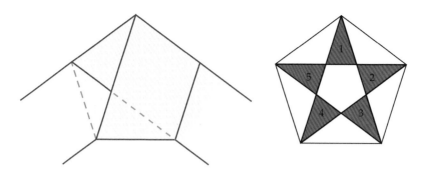

ンと言うと、アメリカ合衆国の国防総省の庁舎であるワシントンの同名の建物をすぐに連想してしまう[26]。

　リボンを折りたたんだときにできる形を見ると、五角形の特徴がよくわかる。

　正五角形の対角線を5本とも引くと、**星型五角形**が得られる。この星型は二等辺三角形でできていて、その頂角の2倍が底辺の角になっている。

　これが、**黄金三角形**と呼ばれる三角形だ。なぜなら辺の上にできる二等辺三角形を取り去ると、またもや相似の三角形が得られるからだ。ちなみに黄金三角形はミャンマー、ラオス、タイ国境付近の「黄金の三角地帯」とは関係ない[27]。黄金の三角地帯が「黄金」なのは、全く異なる理由による。というのも、それは多くの者が数学よりも興奮するアヘンの製造と結びついているのだ。最もアメリカのペンタゴンの重要人物[28]によって、疑いの目で見られるのであるが。

　数学のペンタゴン（正五角形）は、黄金三角形を少なくとも20個含む。まず星型に含まれるものが5個。次に時計回りに5個。反時計回りに5個はめ込まれている。さらに2本の対角線と反対の辺全部で構成される大きな5つの相似の黄金三角形もある。

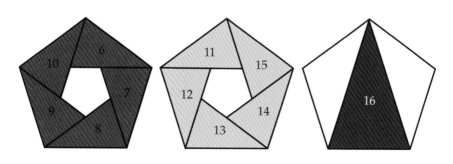

　星型五角形（五芒星）は、**ピタゴラスの星**とも呼ばれる。というのも、この形が教団のロゴとして使われたからだ。それから2000年後、星型五角形はゲーテの戯曲『ファウスト』の中で、イエス（Jesus）という名前の文字数と同数の頂点を持つことから悪魔を怖がらせている。20世紀には、アメリカのジャーナリスト、エドガー・スノーの有名なルポルタージュ『中国の赤い星』や、ソ連赤軍、ヴェトコン、ツパマロス、赤い旅団[29]のシンボルとして使われた。

　星型五角形は、美術作品の中でも活躍している。スペインのサンバルトロメのテンプル騎士団の教会やフランスのルーアンのサントゥアン教会のバラ窓、スイスのフリブール州オートリーヴのシトー派修道会のステンドグラスは、星型五角形がはっきりした形で使われた例だ。

フランスのサントゥアン教会のバラ窓

　ときには隠された仕方で応用された。例えばサルバドール・ダリは、『絵を描くための50の秘密』[30]の中で《レダ・アトミカ》（1949年）をいかに作ったかについて種明かししている。彼はレダと白鳥を、ピタゴラスの星に内接させた。そうすることで黄金比を作品に取り入れたのだ。最終的に星は隠されたが、角に置かれた三角定規が、ダリの狙いを明白に示している。

　ピタゴラスの星は、悪魔的でもある。正五角形の対角線は、もう１つの小さな正五角形を作り出し、その正五角形の対角線はさらに小さな正五角形を生み出す。この過程は、いくらでも続けることができる。ここから正五角形の対角線と辺もまた、通約不可能なのではないかと予想で

きるだろう。

　確かにその通りなのだが、正五角形の対角線と辺の関係は、正方形の対角線と辺の間にある関係とは異なり、黄金長方形の短い辺と長い辺の間にある関係と同じである。ここに数学の奥深さが潜んでいる。

フィガロの結婚

　モーツァルトのオペラ『フィガロの結婚』は、「5、10、20、30、36、43」と歌う場面から始まる。おそらく台本作者ロレンツォ・ダ・ポンテ[31]が適当に作ったこの数字の列を参考に、正多角形のリストを作ってみよう。

　5辺を持つ五角形から、10辺を持つ十角形[32]を作図できるだろうか。これは、簡単にできる。中心の角度を2等分し、辺の数を倍にすればよいのだ。ユークリッドの『原論』の命題XIIIの9-10では、正五角形と正十角形の関係について興味深く簡単とは言えない定理が証明されている。「等しい円周に内接する、正五角形、正六角形、正十角形の辺は、直角三角形を形成し、その直角を挟む2辺の比は黄金比になっている」。

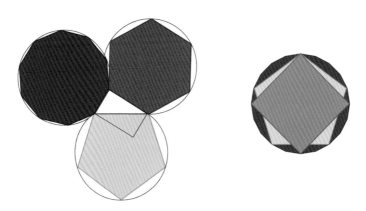

　正十角形から20辺を持つ**正二十角形**の作図も可能だ。これも辺の数を2倍すればよい。しかし十角形を作図する、もっと創造的な方法がある。正方形と正五角形の「最小公倍数」を作る、すなわち20が4かける5に等しいことを利用する方法である。

　正二十角形は、ギリシャ人たちを魅了した。デルフォイのアテナ神域には、**トロス**ともロトンダ（円形）とも呼ばれる前380年頃の建造物がある。トロスを作らせたポカイアのテオドロスなる建築家は、今日では断

（左）デルフォイのトロス　（右）ヘラクレス・オレアリオ神殿

片しか残っていない書物にトロスを描いている。廃墟から類推すると、神殿は外側に二十角形、内側に十角形を含んでいた。つまり外側に20本、内側に10本の柱が等間隔に並んで立っていたのだ。あいにく今日残っているのは、そのうちの３本だけである。

　一方、ローマのフォロ・ボアーリオにあるヘラクレス・オレアリオ（ヘラクレス・ウィクトル）神殿は、ずっと良好に残存している。構造はデルフォイのトロスと同じだが、この神殿の場合、外側の柱がたった１本欠けているだけだからだ。その名称は、ヘラクレスが油（オレアリオ）の守護神だったことにちなむ。建造されたのは前120年頃だが、中世を通じてキリスト教の教会として使われた。そのおかげで良好な状態が保たれたのだ。19世紀の初め、ピウス七世追放のときようやくフランスの軍に（キリスト教から）「解放」された。

　『フィガロの結婚』冒頭の場面に出てくる正多角形のリストを続けよう。次は30辺を持つ正三十角形だが、この作図も難しくはない。それは正三角形と正十角形の「最小公倍数」（3×10）を使うか、正五角形と正六角形の最小公倍数（5×6）を使えば得られる。あるいは、15辺を持つ正十五角形を倍にしてもいい。なお正十五角形は、正三角形と正五角形の「最小公倍数」（3×5）として得られる。

　しかし、正多角形のリストはここでやめなければならない。もし36辺を持つ正多角形、正三十六角形が作図できるとしたら、正三十六角形の頂点を４つおきに取り出しできる９辺を持つ**正九角形**も作れるはずだ。しかし、その作図はギリシャ人たちにはできなかった。

　ヴァンツェルは1837年に、7辺を持つ**正七角形**は作図できないことを証明した。われわれはまたしても歴史の袋小路に辿りついてしまったようだ。

　さあ、新しい方向に進もう。

月に狂う

ヒポクラテス

CAPITOLO V

　天文学者に限らず、誰でも月の輝いて見える形（月相）が日々変化することに気づく。新月から満月へと、また満月から新月へと変化し、その満ち欠けの途中には**鎌の月**と呼ばれる相になることもわかる。鎌は、対称的な２つの相に対応している。西側に膨らんだ月は満ちる月に、東側に膨らんだ月は欠ける月になる。イタリアの諺にあるように、「月は嘘つきだ。Ｃの形（下弦の月）のときには小さくなり、Ｄの形（上弦の月）のときには大きくなる[33]」。

　鎌の月（三日月）には、ラテン語とギリシャ語でそれぞれ、ルーヌラとメーニスコスという名前がついている。２つの用語は、ルーナとメーネーから派生していて、ともに「月」という意味であり、小さな月の意のルネッタというイタリア語に訳すことができる。さらに広義では、ヴォールトの鎌の形をした部分、あるいは生贄の置かれる聖体顕示台もルネッタと呼ばれる。

　しかしルーヌラもメニスコも、イタリア語で常に鎌形の物体を示すために残された。例えば爪の白い部分は、ルーヌラと呼ばれる。そしてメニスコは、いくつかの関節の軟骨[34]、凹凸レンズと試験管内の液体の表面にできる凹面のことを指す。

　自然に生まれる言葉には、少々間に合わせのところがあるものだ。例えばイタリア語で半分（メッザ）でも月（ルーナ）でもないにもかかわらず、みじん切りに使う二枚刃のカッターを、半月を表すメッザルーナと呼ぶ。たとえ三日月が欠けた月の形を表しているとしても、フランス語と英語で三日月を表す言葉は、それぞれクロワッサンとクレセントであり、両者には「満ちていく」という意味がある。毎朝バールで朝食用の

クロワッサンを注文するとき、そのことが頭をよぎる。

　イスラム諸国の国旗には、欠けていく鎌の月（三日月と反対の形の月）が描かれているものが多い。パキスタン（左）からトルコ（右）まで、いくつかの国家の国旗を見ると、月がCの形をしていて欠けていっているのがわかる。上の2つの国旗には、5個の頂点のあるかなりの大きさのピタゴラスの星も含まれている。この星については、シンガポールの国旗には5個、ウズベキスタンの場合にいたっては12個もある。

　星と三日月の構図は、『コーラン』53章、54章それぞれの最初の詩句、「沈み行く星にかけて」と「時は近づき、月は裂けた」に由来している。しかし三日月は世界的なシンボルであり、バビロニア人が4000年前に、フェニキア人が3000年前に、パルティア人が2000年前に、トルコ人が1000年前に自分たちの文化に取り入れた。錬金術師たちは銀を表すシンボルとして三日月を使っていたし、インドでは髪留めとしてシヴァ神がまとっていた。今日では、「赤色の半月」は、「赤十字」のイスラム圏でのシンボルである。中東における4つの大河、ナイル川、ヨルダン川、チグリス川、ユーフラテス川の周りの地方は、「肥沃な半月」［日本語では肥沃な三日月地帯］と呼ばれる。

もうひとりの、本物のヒポクラテス

　幾何学における**月形**は、2つの円弧によって決定される弓なりの形である。それはまさに、三日月のように見える。ところが皮肉なことに三日月は、専門的に見れば本当の月形ではない。外側の線は月の曲線であるが、内側の線は太陽に照らされた表面の輪郭に過ぎないのだ。そして後に確かめるように、斜めから眺める円は楕円になる。

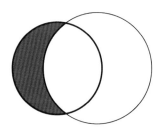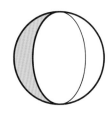

　いくつかの月形の面積を決定することに成功し、歴史に名を残したのがキオスのヒポクラテスである。同時代人であったコス島のヒポクラテスと混同してはいけない。こちらは、今も医者が誓う「ヒポクラテスの誓い」によって歴史に名を残している。その誓いは、「医の神アポロン、アスクレピオス、ヒュギエイア、パナケイア、及びすべての神々とすべての女神よ……」に始まっていた。

　医者のヒポクラテスは、数学者の方よりはるかに有名である。もはや医者のヒポクラテスの診断は誰も信用できないのに対して、数学者の方の証明は未だに完全に正しいにもかかわらず。数学者のヒポクラテスも、誓いを残しておけばよかったのだ。なぜなら、人は真面目に働いても報われず、またその逆のこともあるのだ。人生はそんなものである。

　数学者以外で、キオスのヒポクラテスに興味を示した近代の人は、唯一、作家のアルフレッド・ジャリである。彼は1898年の小説『フォーストロール博士言行録』においてヒポクラテスを幾何学者イビクラテスと呼び、超形而上学（パタフィジカ）の創始者として登場させた。超形而上学は、形而上学（メタフィジカ）が物理学（フィジカ）に根ざすように、超形而上学は形而上学に根ざす超現実的科学である。

　もっと真面目な話をしよう。ヒポクラテスは、彼の幾何学によって記憶されねばならない。彼はアテネで、前450年から前430年にかけて幾何学に取り組んだ。それは商人として破産してしまった後のことであった。海賊に商品が盗まれ、町に訴訟を起こしにやって来たのだった。長引く訴訟により長い間足止めを余儀なくされ、ヒポクラテスは哲学者たちや数学者たちに出会い、彼らのもとに頻繁に通った。彼らこそ、ヒポクラテスに幾何学への情熱を植えつけたのである。

　この晩熟の興味のおかげで、ヒポクラテスは最初の『原論』の１つを仕上げた。この題名はギリシャ語で『ストイケイア』であるが、「列」や

「連なり」を意味する「ストイコス」から取られた。つまり彼の著書は、タレスやピタゴラスの偉大な定理において最高潮に達する、ギリシャ数学がそれまでに蓄積していた知見を集大成し、列挙したものであった。

　ヒポクラテスは幾何学を体系的に捉え、合理的に再構築した。ユークリッドの最初の4巻の書物は、今日残念ながら散逸してしまったヒポクラテスの『原論』の焼き直しに過ぎないと考えられている。

等積の正方形にする

　ヒポクラテスは、ピタゴラスの定理を検討するところから研究をスタートさせた。その定理を使えば、任意の2つの正方形について、それらの面積の合計に等しい面積を持つ1つの正方形を作ることが可能だった。どんなにたくさんの正方形があっても、1つずつ減らしていって、たった1つの大きな正方形にすることができるのである。一方あらゆる多角形は、容易に複数の三角形に分割できる。そこでもし三角形を正方形にする方法が見つかれば、「あらゆる多角形は1つの正方形に等しい」ことが証明できるのだ。

　あらゆる多角形が三角形に分割できることは、簡単にわかる（右図）。問題があるとすれば、分割の仕方を変えても結果は最終的に同じになることを証明することであろう。しかしこれは、おそらくは古代ギリシャ人に対する過大な要求であった。この証明に熱心に取り組んだのは、現代数学の父ダフィット・ヒルベルトである。

　三角形を正方形に転換する前に、第1段階として、三角形を長方形にする必要がある。これは右図に示した手順で、容易に実現できる。すなわち、1つの三角形から2つの小三角形を切り取り、左

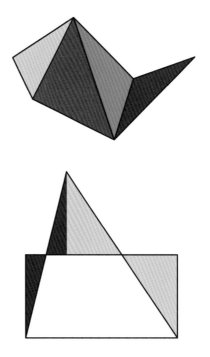

の部分を左側に、右の部分を右側に配置して、長方形を作るのである。これは、三角形の頂点からの垂線が底辺上に来るときにのみ有効だが、底辺を選び直しさえすれば常に実行可能である。

第 2 段階として、長方形を正方形に転換する。こちらは、第 1 段階ほど簡単ではない。そこで、われわれの守護聖人タレスとピタゴラスの力を借りなければならない。まず、すでに紹介したピタゴラスの定理の第 2 の証明を思い出そう。その「質素な」証明によれば、直角三角形の直角の頂点から底辺に下ろした垂線が、もとの直角三角形と相似な 2 つの小さな直角三角形に分けられる。

それでは、われわれが正方形化したい長方形の縦横 2 辺と、直角三角形の直角の頂点から底辺に下ろした垂線によってできる 2 つの線分が対応するとき、何が起きるのか見てみよう。

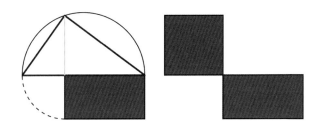

相似な三角形についてのタレスの定理によって、2 つの小さな三角形のそれぞれ対応する辺の比は互いに等しいはずである。したがって直角三角形の直角の頂点から底辺に下ろした垂線の長さは、その垂線によって分けられた底辺の 2 本の線分の「比率の平均値」でなければならない。言い方を変えれば、垂線を 1 辺とする正方形の面積は、垂線に分けられた 2 本の線分を縦横 2 辺とする長方形の面積に等しい。まさにわれわれが望む正方形が得られるのだ。

残る作業は、われわれに必要な直角三角形を作ることである。そのために上図にあるように、長方形の短い方の辺を、長い方の辺と直線上に並ぶように回転させる。これで直角三角形の底辺ができる。次にその底辺を直径とする半円を描く。ところで、タレスの定理より、半円の直径を 1 辺とし、半円に内接する三角形は、すべて直角三角形である。したがって底辺を 2 分する点から垂線を円周までたてさえすれば、われわれ

に必要な直角三角形が得られる。

　ヒポクラテスの説明を、逆方向に遡っていくこともできる。

①タレスの2つの定理により、あらゆる長方形を正方形化することができる。

②あらゆる三角形の面積と等しい面積を持つ長方形を作ることができる。したがって、三角形を正方形化することができる。

③あらゆる多角形を分割して、いくつかの三角形の和として表すことができる。したがってあらゆる多角形は、いくつかの正方形の和として表すことができる。

④ピタゴラスの定理により、複数の正方形の面積の和は1つの正方形の面積と等しいことが証明される。

⑤したがって、あらゆる多角形は、正方形化することができる。

パズルのような幾何学

　あらゆる多角形が、正方形化できることは証明された。次にこの正方形化を、実際に手を動かして実行してみよう。パズルのようにして多角形を三角形に切り、等しい面積の正方形を組み立てるのだ。

　最初の2段階は簡単だ。まず多角形を三角形に切り刻む。それから各三角形を長方形にする。

　次の段階はそれほど簡単ではないが、おもしろい方法がある。長方形をバラバラに分割して正方形に組み立てるのだ。そこでまず前に紹介し

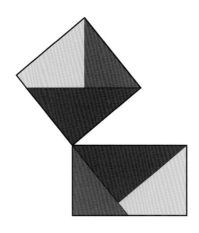

たやり方で正方形を描く。この正方形の１辺と同じ長さの線分を、その一端が長方形の１つの頂点と重なり、もう一端が１つの辺と重なるように描く。長方形の中にできた三角形に対して、長方形の別の頂点から三角形の斜辺に垂線を引く。このようにして、長方形を２つの三角形と１つの四辺形からなる３つの小片に分割することができる。

　この方法は、長方形が細長すぎる場合にうまくいかない。その場合には、長方形を２つに切って重ね合わせて、釣り合いのとれた長方形を新たに作ればよい。それでもまだ十分でなければ、都合のいい長方形を得られるまで同じ作業を繰り返せばよい。

　締めくくりとして、直角三角形を利用し、隣辺上に置いた２つの正方形を分割して、斜辺上に１つの正方形を再構築しよう。方法はいろいろあるが、以下に紹介するのはヘンリー・ペリガルによって1873年に公表されたものだ。当然のことながら、それはピタゴラスの定理の証明の別バージョンだが、本書では３番目の証明になる。証明し続ければ、かたくなな不信心の者をも納得させることができるだろう。

　そのトリックは、52頁の右図にある形を見れば、ひらめくかもしれない。まず隣辺上の（小さいほうの）正方形を斜辺上にある正方形の中心に平行に移動させる。次に、もう一方の隣辺上の正方形を分割する。どうすればよいかというと、斜辺上の正方形の２辺（縦と横）に平行で、隣辺上の正方形の中心を通る線を引く。それによって、隣辺上の正方形を４つの部分に切り分けるのである。

　このようにして、「平面の上のパーツを動かすだけで、それを上下逆さ

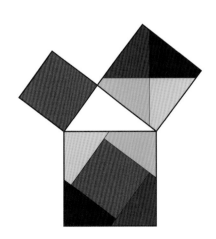

まにすることすらなく、1つの多角形を分割し、等しい面積を持つ正方形に組み立て直せる」ことを証明した。古代ギリシャ人たちにも完全に手の届く範囲の方法ではあったものの、この事実は1833年になるまで発見されなかった。その発見者は、ファルカシュ・ボーヤイである。後にわれわれは彼の息子ヤーノシュを、非ユークリッド幾何学の創始者として取りあげることになる。

円と半径の関係

多角形より先に進むことはできるだろうか。そのためには、当然ながら曲線について考えなければならない。曲線で作られた図形を、1つの正方形に変換する単純な方法があると期待することはできない。ある有限の数のパーツに分割できる見込みはさらに薄い。

それでもなお、ヒポクラテスはゲームがここで終わらないこと、少なくともすぐには終わらないことに気づいた。そして、タルトがヒントを与えてくれることに気づいた。もっと正確に言えば、円と円が持つ属性に着目したのだ。ヒポクラテスは、大小2つの同心円のタルトから、いくつかの等しい形の小片に切り分けようと考えたのだ。それらの小片が二等辺三角形になるように、曲線（円弧）の側を切り落とした。こうしてできた大小2つの円の半径に等しい辺を持つ二等辺三角形、それぞれの大きさを比べてみた。

2つの二等辺三角形は相似なので、タレスの定理により、底辺は斜辺に比例する。したがって、2つの底辺はそれぞれの円の半径にも比例することに、ヒポクラテスは気がついた。一方、大小2つの同心円を無数

に切り分け、すべての小片（二等辺三角形）の底辺を足せば、それぞれの円に内接する2つの相似の多角形の周長が得られる。それら2つの多角形の周長は、それぞれの円の半径に比例する。なぜならどちらの多角形の周長も、小片の数とその底辺をかけることによって得られるからである。

　ヒポクラテスは、円に内接する正多角形の周長は、辺の数にかかわらず常に円の半径に比例すると推論した。円を切り分ける小片を増やせば増やすほど、多角形は辺の数を増やし、円の形に近づいていく。その多角形の周長は常に半径に比例するのだから、円周に対しても同じことが言えるはずである。

　今日、何の証明もなしに小学校で習う「円周は、半径に比例する」という定理は、このようにして導かれる。あるいは、「円周は、半径の2倍である直径に比例する」と言ってもいい。円周が半径に比例するならば、直径の半分にも比例するからだ。逆に直径に比例するのであれば、半径の2倍にも比例するはずである。

　さらにヒポクラテスは、またもやタレスの定理を使って、小片の高さも斜辺に比例すること、半径に比例することに気づいた。そこで今度は、大小2つの同心円を切り分ける小片の面積について考えてみよう。三角形の面積は「底辺かける高さ割る2」で計算されるが、この場合、底辺と高さの両方とも半径に比例していることから、大小2つの同心円を切り分ける小片（二等辺三角形）の面積はそれぞれ半径の2乗に比例していることがわかる。一方、すべての小片の面積を足すと、大小2つの同心円に内接する2つの多角形の面積が得られる。したがって、ある円に内接する正多角形の面積は、辺がいくつあろうとも常に半径の2乗に比例する。

　ヒポクラテスはさらに推論を続け、小学校で習うまた別の定理を発見した。「円の面積は半径の2乗に比例する」「直径の2乗に比例する」と言うこともできる。

　もちろん半円の面積も、直径の2乗に比例する。このことからヒポクラテスは、ピタゴラスの定理を使って、「直角三角形において、斜辺の上にできる半円は、隣辺にできる半円の面積を足したものに等しい」ということを導き出した。

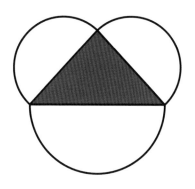

四角は丸いのか

　ヒポクラテスの次のひらめきは天才的だった。上の図を二重にしてみたのだ。そうすると驚くべきことに、1つの図形であるにもかかわらず、大きな円と正方形のどちらに注意を向けるかによって、下の2通りの方法で見ることができた。

　第1の場合、大きな円と4つの月形が得られる。第2の場合には、小さな4つの半円と正方形が得られる。先ほど見た通り、ピタゴラスの定理によって、大きな半円の面積は2つの小さな半円の面積に等しい。したがって、大きな円は4つの半円の総計に等しい。

　大きな円を除くと4つの月形が残り、4つの半円を除くと1つの正方形が残る。大きな円の面積と4つの半円の面積の総計は等しいのだから、残される4つの月形の面積の総計と正方形の面積は等しいはずである。

　ヒポクラテスはこのようにして、「4つの月形を正方形化できる」ことに気づいたのであった。より正確に言えば、4つの月形は正方形と等しい面積を持つのである。それぞれの月形は正方形の4分の1に等しく、

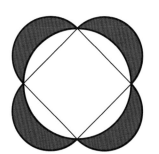
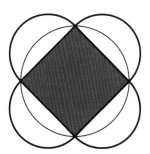

したがって直角二等辺三角形に等しい。

　こうして正方形化のゲームに、新しい味わいが加わることになる。なぜなら、ヒポクラテスが得た結論の適用範囲を、他の図形に拡げることができるからである。興味深いのは、正六角形の辺に作られた月形の場合だ。正六角形が内接する円の直径は、辺の 2 倍に等しいからである。

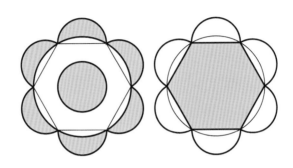

　またもやわれわれは、 2 通りの見方が可能な図形を得る。見方は、大きな円か正六角形のどちらに注意を向けるかで変わる。第 1 の場合、大きな円に加えて 6 個の月形が得られる。第 2 の場合、正六角形に加えて 6 個の小さな半円が得られる。

　第 2 の図形から正六角形が残るように、 6 個の半円を除いてみよう。さらに第 1 の図形からも、 6 個の半円の面積に等しい図形を除きたいのだが、どうすればよいだろうか。ここで思い出すのが、ヒポクラテスに証明された面積と直径の関係を表す定理である。この定理によって、大きな円は 4 個の小さな円に等しいことがわかる。大きな円の直径は小さな円の 2 倍であるからだ。したがって、第 1 の図形から 6 個の半円（＝3 個の小さな円）の面積に等しい図形を除くには、大きな円（＝4 個の小さな円）を除いて、 1 個の小さな円を足せばよいことがわかる。こうして一方には 6 個の月形と小さな円が、他方には正六角形が残る。

　さらにヒポクラテスは、次のことに気づいた。「6 個の月形によって作られた図形が正方形化できるならば、円も正方形化できるだろう」と。前の例とは異なり、これは仮定に過ぎない。しかし、ギリシャ人たちは正方形の周りの月形が正方形化できるのであれば、正六角形の周りの月形もそうなると思ったのだった。そして、**円の正方形化**問題を解決しようと努力し続けたのであった。

ついにヒポクラテスは、正方形の周りの月形だけでなく、他の２種類の月形を正方形化することに成功した。1771年にレオンハルト・オイラーが、さらに２種類の月形を正方形化した。そして1934年と1947年に、ニコライ・チェボタリョフとアルカディ・ドロノフがそれぞれ別に、これら５種類の月形だけが正方形化できることを証明したのだった。したがって、正六角形上に作られた月形は正方形化できないことが明らかになった。

　だからと言って、月形を都合よく使うことが妨げられるわけではなかった。例えば、一般に12個の櫛形に分けられるゴチックの教会のバラ窓では、櫛形を２つか３つずつまとめると、ヒポクラテスによって考案された２つの月形を容易に得られる。13世紀初頭のフランスの建築家ヴィラール・ド・オヌクールは、『肖像画技法の本あるいはアルバム』という特異な著書に両方の月形を描いた。

（左）ヴィラール・ド・オヌクールによるローザンヌのカテドラルの真ん中のバラ窓
（右）ヴィラール・ド・オヌクール、『肖像画技法の本あるいはアルバム』、42頁

終わりは喜劇

　月形であろうとなかろうと、古代ギリシャの数学者は何とかして円を正方形化しようとしたし、いくつかの複雑な解を見出した。しかしながらその解のどれも、円に等しい面積を持つ正方形の辺を作ることはできなかった。

　喜劇詩人のアリストパネスは前414年、この問題への数学者たちの執着ぶりを演劇にした。喜劇『鳥』の中で、天文学者メトンが「円を正方形に」しようとしたが、単に４つの四分円に分けただけだった。**テトラ**

ゴノ（4つの角を持つもの）というあいまいな用語が使われ、それはギリシャ語では確かに正方形を意味していたものの、字義通りには「4つの角を持つ多角形」である。

さらに多くの者が、その問題の解決に挑戦した。問題をよく理解できないにもかかわらず、いや、だからこそ解決できると思いあがった者たちが挑戦したのだ。例えば神学者ニコラウス・クザーヌスは、15世紀に何と14通りもの証明を提案したが、すべて間違いであった。

17世紀の哲学者トーマス・ホッブズは、その鈍さによりばかにされることになった。1655年には円を正方形化できたと思い込み、『物体論』という著書にその「証明」を公表した。1661年には、立方体を2倍にできたと思い込み、『物理学論議』の中で宣言した。もちろん彼は、誤りを2倍にしただけだった。数学者ジョン・ウォリスと物理学者ロバート・ボイルは、彼をさらし台の上に置いて、無駄な議論が数年も続き、たくさんの無駄な著作が生まれることになった。

立方体の2倍積問題と同じく、円の正方形化問題も何千年にもわたる数学の難問の1つだが、1882年フェルディナント・リンデマンによってついに解決された。とはいえその解決は、またもや「解決がない」というものであった。

古代ギリシャ人が、任意の円の面積に等しい面積を持つ正方形の辺を見つけられなかったのは、解決策を見つけるためロープを引っ張ったり、回転させたりする努力が足りなかったからではない。ただそうする方法が、全くなかったのである。では、それでよしとしよう。専門家が解決できないものであると証明した後も、その問題を何とか解決しようと頑張り続ける素人の方もいるが、ともかくそれでよしとしよう。

第6章

おなじみの立体 [35]

テアイテトス、プラトン

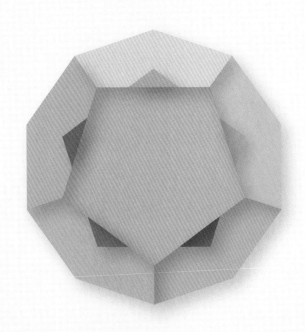

　1717年６月24日に、ロンドンでフリーメーソンのグランドロッジ[36]が設立された。古くからのさまざまな集会所（ロッジ）が、１つのグランドロッジにまとめられた結果、フリーメーソンがもともと持っていた「レンガ職人たちによる勝手気ままな結社」という性質が失われた。しかしながらレンガ職人の痕跡は、フリーメーソンに対応するフランス語のフランマソン「フランクの石工」を意味することや、イタリア語のフラマッソーネという響きに残っている。一方、結社の互助的な性質の痕跡は、英語の**フリーメーソン**に残っている。というのもこれは、フランス語の「石工の兄弟」を意味するフレールマソンからの訳語だからである。

　フリーメーソンが組織作りの際に参考にしたのは、レンガ職人の組織が持っていた徒弟、石工、親方の３階層の構造である。しかしその凡庸な組織構造から脱却するため、フリーメーソンは、結社の起源をソロモン神殿の建造を指揮したヒラムにまで遡らせた上、偽の「血統書」までねつ造した。あるいは古代エジプトで建築や鍛冶を司る神として信仰されたプタハにまで遡らせた。

　となれば偉大なる建築家、偉大なる師匠としての造物主による天地創造にまで、いったいどうして遡れないことがあろうか。しかしこんな空想は、ダン・ブラウンのような作家に任せておけばよい。事実彼は、第５作『ロスト・シンボル』をフリーメーソンに捧げている。そのタイトルが示すように、フリーメーソン会員は多かれ少なかれ奇妙きてれつな儀式と風習が好きだが、さまざまなシンボルをごちゃまぜにして使うのも好きであった。例えば壁塗りごて、鉛直、水準器、定規など、石工と幾何学者の仕事道具を思い起こさせるものが、彼らのシンボルにはよく

（左）《万物の創造者である神》、『教訓聖書』のミニアチュール、13世紀
（右）ウィリアム・ブレイク、《日の老いたる者》、1794年

使われた。

　しかしとりわけ有名なのは、直角定規とコンパ
スが大文字のGで結び合わされた、フリーメーソ
ンの紋章である。このGは頭文字として、「偉大な
る幾何学者」あるいは「幾何学」そのものを暗示
している。直角定規は公正さ、道徳を象徴してい

る。コンパスは、精神が陥りがちな欲望や情熱の限度を表している。

フリーメーソン会員限定

　当然のことながら、幾何学的シンボルへの嗜好や脅迫観念を持つ秘密
結社はフリーメーソンだけではない。最初に頭に浮かぶ他の例は、すで
に触れたピタゴラス派の教団である。彼らは、秘教的な教義と五芒星の
ロゴマークを持っていた。さらにもっと関係が深いのは、プラトンのア
カデメイアである。アカデメイアは、英雄アカデモスに捧げられた公園
の中に創設され、その英雄にちなんで名づけられた。

　プラトン自身、アカデメイアが半ば秘密の結社であること、少なくと
も「何かとっておきのこと」に捧げられた結社であることを証言してい
る。『第七書簡』[37]の有名な1節において、プラトンは大事な教義につい
て「私が書いたものはないし、これからもないだろう」と、実際に明言
している。つまり、ある種のことについては、声に出して話すだけのほ

ラッファエッロ・サンツィオ、《アテネの学堂》の部分、天を指すプラトン（左）と地を指すアリストテレス、1508-11年

うがよいのである。書かれたものは、「ほんのわずかな言葉さえあれば理解に足りるようなごく僅かな者」をのぞいて誤解される恐れがあるからでもある。

シンボルについては、ラッファエッロが《アテネの学堂》で古代の伝統を取りあげ絵に表した。その絵の中のアカデミメイアの門の上には、「幾何学を知らない者はくぐるべからず」という教えが刻まれていた。そしてプルタルコスの著作『饗宴録』によれば、プラトンは「神は常に幾何学をしている」と述べたという。その意味をただ1つの文字に要約すれば、それはまさにフリーメーソンのシンボルの1つ、Gである。

フリーメーソンのシンボルを構成する残りの2つを、歴史の表舞台に引っ張り出したのもプラトンである。というのも著書『ピレボス』において、幾何学者たちに作図には**定規とコンパス**だけを用いるように提言しているからだ。定規で線分を引き、コンパスで円弧を描くためである。師の言葉によれば、

> 「形の美は、人々が普通考えているように、生きているものやそれらを描いたものの美ではない。むしろ、平面や立体という図形の直線や円の美であって、それらはコンパス、定規、三角定規を使って得られるのだ。なぜなら、これらのものは何かとの関係において美しいのではなく、それ自体で、それ自身の性質によって美しいのであるから[38]」

定規とコンパスは、思いつく限り最も自然な道具でもある。実際、定規とコンパスはそれぞれ「ぴんと張られたひも」「回せるひも」のことであって、初期の幾何学者たちが使いこなせたすべてのものであった。彼らにとってプラトンの提言は、制約というよりは必然性の問題であった。定規とコンパスが使われていたのは、他には何もなかったからだ。

第6章　おなじみの立体――テアイテトス、プラトン

104

その後、技術が発展し、洗練された道具が数学者たちの手に入るようになった。しかしいかなる種類の新しいものにも、常に反対する保守主義者たちがいる。彼らは新しい道具の使用に反発した。一方、好奇心を刺激された進歩主義者たちは、その使用をどこまで避けることができるのか自問した。さながら手足をしばられたままで、何をなし得るのか、どこまで到達することができるのか見極めようとするかのようだった。

こうして定規とコンパスだけでできる図形の研究、幾何学が生まれた。その伝統は、まさにプラトンの指針にまで遡るのである。ユークリッドの『原論』が扱っているのは、定規とコンパスのみによる作図だが、それについては次章で取りあげることにしよう。

正十二面体のものがたり[39]

プラトンとアカデメイアの会員が好んで研究した対象の1つは、正多面体であった。本書ではこれまで、古代エジプト人たちがすでに知っていた正多面体のうちの3つ、正四面体、立方体、正八面体を取りあげた。しかしピタゴラス派の人たちには、少なくともさらに2つの正多面体が知られていた。

第1のものは、思いがけないものだった。あまりにも思いがけないので、古代ギリシャの発見者たちは自分たちだけの秘密にしておこうと決心した。しかし、事態は思った通りには進まなかった。イアンブリコスは『ピタゴラス的生き方』で次のように伝えている。

> 「メタポンティオンのヒッパソスは、ピタゴラス教団に属していた。12個の五角形で構成される球体について最初に口外してしまい、その背教のために海で溺死させられた。しかしそのような球体を発見したのは彼であった、という名声が残ったのだ。彼らのすべての発見は「かの人間」によるとされていたにもかかわらず。事実そのように、教団内でピタゴラスは名前で呼ばれることはなかったのだ」

われわれはこの話から、ピタゴラス派の人々が正五角形についてよく知っていたこと、その知識を応用して大きな成果を得ていたことを知る。彼らは12個の正五角形を組み合わせ、球体に内接する正多面体を作るこ

（左）黄鉄鉱多面体　（右）新石器時代に遡る5個の正多面体

とができることに気づいていたのだ。そして彼らは、この立体を**十二面体**と名づけたが、その際に使ったドデカ「12」とヘドロン「面」という言葉は、現代語の十二面体という語に名残をとどめている。

　自然が彼らに示唆を与えたのかもしれない。実際マグナ・グラエキア[40]では、5つの辺のうち4辺だけが等しい、ほぼ正五角形に見える五角形の面からなる**黄鉄鉱多面体**（piritoedro）の形を持つ黄鉄鉱の結晶が簡単に見られた。黄鉄鉱（pirite）の名前は火（pyr）に由来し、アリストテレスの著作『形而上学』によれば、ヒッパソスが火を根源的な要素だと考えていたという。この事実からも、黄鉄鉱が正十二面体の発見に果たした役割が推察される[41]。

　実はピタゴラス派の者たちが発見するはるか前、新石器時代に正十二面体を考えついていた者がいた。その証拠は、前2000年頃に遡る。スコットランドの洞穴で、球体状に細工され正多面体の形を持つ5種類の石が何百個も発見されたのである。エジプト人、インド人、ギリシャ人だけが、幾何学的発見を独占するわけでないことは、この事例から明らかである。

　いずれにしても、正十二面体は複雑で、他の3つの正多面体よりも作るのが難しい。そのため正十二面体を使った建築の例は、非常に少ない。ナイル川沿いやギリシャ神殿を巡ったところで見つからない。

　むしろ、サルバドール・ダリの《最後の晩餐》に招かれるほうがよい。1955年のこの絵の中に入りこむと、まさに正十二面体のガラス張りの部屋の中にいることに気づくし、それぞれの面が十二使徒の一人ひとりを象徴することもわかる。テーブルの主賓に注目しよう。なぜなら晩餐後の幾何学的続編とも言えるダリの作品《超立方体的人体》[42]（1954年）の中で、あなたは彼に再会することになるからである。

　ダリ以前にも、正十二面体をモチーフに使った画家はいる。1561年に

ニコラ・ヌーシャテルが、《ヨハン・ノイドルフェルと息子の肖像》で正十二面体を使っていた。さらにそれ以前の1527年、正十二面体は、パルミジャニーノに《ディオゲネス》の細部の着想を与えた。ディオゲネス[43]が、書物に描かれた正十二面体を棒で指し示しているところが描かれているのだ。この作品には、ディオゲネスを特徴づける3つのシンボルも描かれている。衣服や住居を重んじる風潮に対する皮肉と軽蔑をこめて、彼が中に入って住んでいた樽、「人間を探す」と主張して徘徊するのに使うランプ、そして人間を「羽のない2本足の動物」と定義したプラトンをばかにして送りつけた羽をむしった鳥の3つである。

　逸話によれば、プラトンはディオゲネスを「頭のおかしいソクラテス」と評したらしい。しかし、パルミジャニーノはこの評価に同意しなかったのだろう。なぜなら彼の作品には、ディオゲネスが何らかの幾何学の本を勉強する意思を持つ者として描写されているからだ。まさに彼に指し示された正十二面体は、われわれが後で見るようにダ・ヴィンチ風である（118頁参照）。

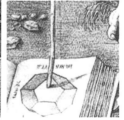

（左）パルミジャニーノの案によるジャンジャコモ・カラリオの版画《ディオゲネス》
（右）正十二面体のある部分

二十面相、現る

　ピタゴラス派の人々はもちろん新石器時代の人々さえも、正多面体の歴史が正十二面体で終わりではなく、続きがあると気づいていた。そのことを理解するために、すでに知られていた4つの正多面体について検討してみよう。

　まず立方体は6面と8個の頂点を持ち、それぞれの頂点において3つの正方形の面が交わることがわかる。それに対して、正八面体は8面と6個の頂点を持ち、それぞれの頂点において4つの三角形の面が交わる。

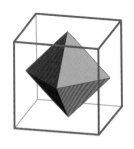

立方体の面数と頂点の数は、同じではない。正八面体の面数と頂点の数も、同じではない。ところが、両者の不均衡は対称的。というのも片方の不均衡を、もう一方の不均衡に対応させることができるからである。実際、正八面体の面は立方体の頂点に対応し、正八面体の頂点は立方体の頂点に対応する。立方体と正八面体は<ruby>双対<rt>そうつい</rt></ruby>、つまり「対になっている」のである。立方体の各面（正方形）の重心（対角線の交点）を結ぶと正八面体が、正八面体の各面（正三角形）の重心（各頂点と対辺の中心を結ぶ線どうしの交点）を結ぶと、立方体が得られる。

　ところが、正四面体に対して同じことをやってみても、どこにも行きつきはしない。正四面体には4面と4個の頂点があるが、それぞれの頂点では3つの三角形の面が交わっている。したがって、正四面体の各面に頂点を置いたところで、再び正四面体ができてしまう。正四面体は**自己双対**、つまり「自分自身と対になっている」のである。

　正十二面体を見てみると、12面と20個の頂点を持つこと、さらに各頂点を3つの正五角形が共有していることに気づく。左と同じように、面数と頂点の数を取り替えると、20面

と12個の頂点を持つ双対な立体が得られる。これは、ピタゴラス派の人々が**二十面体**と呼んだ立体で、各頂点を5つの正三角形が共有する。

　双対の関係にある正十二面体と正二十面体には、互いに似た性質があると予想される。例えば正十二面体の各面は正五角形であり、正五角形はすでに見たように黄金比に結び付けられる。したがって、正二十面体も黄金比と何らかの関係を持つはずである。

　この結びつきを最も劇的な形で示したのが、ルカ・パチョーリによる小論『神聖比例論（黄金比）』（1509年）である。黄金比の長方形を3枚使い、空間三次元の方向に交差させるだけで、12個の頂点が自動的に配列され、ほとんど奇蹟的に正二十面体を作ることができるのだ。

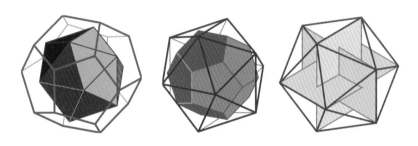

　画家のエッシャーは1963年に、フェルブリファ社（ブリキの製缶会社）の創立75周年記念のため、《キャンディ用のブリキカン》で正二十面体を描いた。

マウリッツ・コルネリス・エッシャー、《キャンディ用のブリキカン》、1963年

ビンゴ！

　ここまで 5 つの正多面体を取りあげた。それらは双対性に着目すると、3 つの族に分けることができる。正四面体のみからなる族、立方体と正八面体からなる族、正十二面体と正二十面体からなる族の 3 つである。それぞれの特徴は、次の表に示した通りだ。最初の 2 列は、面と頂点の数であり、後の 2 列は 1 つの面と 1 つの頂点における辺の数である。

	面	頂点	辺 （面に対して）	辺 （頂点に対して）
正四面体	4	4	3	3
正六面体 （立方体）	6	8	4	3
正八面体	8	6	3	4
正十二面体	12	20	5	3
正二十面体	20	12	3	5

　この表から仮に新たな正多面体が発見されて、リストをさらに増やすことがあるならば、それらはそれ自身双対であるか、新たに見つかる他の正多面体と双対であると予測される。とはいえ、このリストが現実にどのくらいの長さになるかについては何もわからない。正多角形を参考にすれば、正多面体も数限りなくあり、表に挙げたものは無限に続く話の始まりにすぎないことになる。

　ところが、この話にはちゃんと結末がある。プラトンのアカデメイアに所属していた数学者が、そのことについて語っていたのだ。プラトンの著作『テアイテトス』は、彼の名を冠した対話篇である。同書は、前369 年にアテネとテーバイとの戦いで負った怪我と赤痢のために瀕死であった壮年のテアイテトスをめぐるエピソードから始まる。そこからときを遡って若きテアイテトスとソクラテスの議論が展開されていくが、ソクラテスはその頃すでに、『デッドマン・ウォーキング（歩く死人）』[44]だった。言い換えれば、前399 年の裁判が継続中であり、ほどなく死刑を宣告されるはずであった。

その対話篇にはもう1人の数学者、キュレネのテオドロスが登場する。テオドロスはプラトンの数学の師であったと考えられている。当然のことながら、3人は数学についても語り合うのだが、その内容は今日のわれわれの興味を引くものではない。

われわれにとってテアイテトスの名前が重要なのは、彼が**テアイテトスの定理**、「正多面体は5個より多く存在しない」ことを証明したからである。その証明は、これまた単純にして天才的である。テアイテトスはまず、少なくとも3つの面が1つの頂点に集まらなければならないことを指摘した。もしそうでなければ、立体が成立しないからだ。さらには、1つの頂点に集まる角の総計は、全角（360度）より小さくなければならない。そうでない例えば全角の場合、頂点の周りに平面ができる。したがって、立体は成立しない。

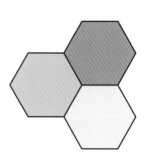

正六角形の内角は、全角の3分の1（120度）に等しい。したがって正六面体を1つの頂点の周りに3つ集めると全角になってしまう。このことから、正多面体を構成する面として正六角形は使えないことがわかる。もっと多くの辺を持つ多角形はさらに大きな内角を持つのだから、それらの多角形も使えない。これがこれまでに知られている5つの正多面体において、正三角形、正方形、正五角形だけが使われている理由である。

しかし、これら3種類の正多角形の組み合わせがなぜ5通りしかないのかについては、もう少し説明しなければならない。

● 正三角形は全角の6分の1（60度）の角を持つ。よって3、4、5個の正三角形を1つの頂点に集めることができるが、6個はできない。したがって、正三角形の面を持つ多面体は、3種類しかあり得ないのだ。こうして正四面体、正八面体、正二十面体の存在が説明される。

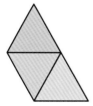 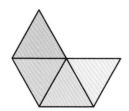 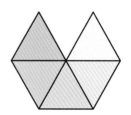

- 正方形は、全角の4分の1（90度）の角を持つ。よって3個の正方形を1つの頂点に集めることができるが、4個はできない。こうして立方体の存在が説明される。
- 正五角形は、全角の4分の1と3分の1の間（108度）の角を持つ。よってこれもまた、3個の正五角形を1つの頂点に集めることはできるが、4個はできない。こうして正十二面体の存在が説明される。

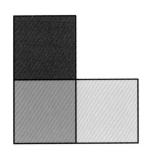 

以上で、この論証は終わる。

宇宙に展開される立体[45]

　今述べた論証は、正多面体が5つしかないことを「説明する」が、「明らかにする」[46]ことはしない。正多面体がたった5つしかないことはわかるが、それぞれの正多面体をどう作図して、現実に5つとも存在することをわれわれに納得させる**存在の定理**ではないのである。

　実のところ、最初の3つの多面体は、存在することをわざわざ人に納得させる必要もないほど単純である。誰でも立方体をどうやって作るか知っている。ピラミッドを作った人たちは、正八面体の半分に割った立体の作り方をよくよく知っていたのだし、望みさえすれば正四面体も作ることができただろう。

　それに対して他の2つの多面体について、事はなかなか複雑である。例えば、ルカ・パチョーリが示した方法で黄金比の長方形を3つ交差させることは簡単だが、現実に得られたものが正二十面体だと信じる必要がある。正十二面体について言えば、たとえ12個の正五角形の作図法を知っていたとしても、それらをどのようにつなぎ合わせればよいのかよくわからない。

しかしながら、5つの正多面体の存在を証明するとても簡単な方法がある。それぞれの正多面体を切り開いて平面上に広げたとき、どのように見えるか展開図を示すのである。展開図が得られれば、それを再び折り曲げて立体を作ればよい。

　つまり、空間の中での「暗黙の」立体が、平面上で「明らか」な展開図になって、その逆のこともできるのだ。おもしろいことに、語源的にラテン語から言えば、前者は「折りたたまれた」の意味であり、後者は「広げられた」の意であって、展開図は明快なものなのである。

　さて、正二十面体と立方体を展開してみると、次の図のようになる。

正二十面体

立方体　　　　　　　正十二面体

　正十二面体を得る方法は、次の通りだ。まず正五角形を1個作図する。次に各辺の周りに5個の正五角形を並べ、真ん中の正五角形が底になるように全体を閉じると、10個のジグザグの縁を持つ「どんぶり」ができる。それからこの「どんぶり」の複製を作って、縁どうしが合わさるように一方をもう一方の上に置く。

　エッシャーによる絵を使ったドリス・シャットシュナイダー＆ウォレス・ウォーカーの『M.C.エッシャー カライドサイクル』には、5つの正多面体を含め、多くの展開図が掲載されている。カライドサイクル（Caleidocicli）とは、文字通り「美しい形の指輪」である。ギリシャ語で

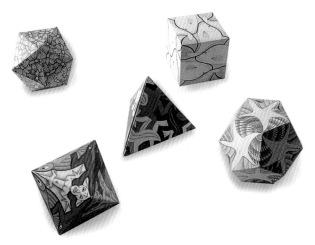

ドリス・シャットシュナイダー＆ウォレス・ウォーカー、『M.C.エッシャーカライドサイク
ル』（タッシェン・ジャパン）の5種の正多面体

カロスは「美しい」、エイドスは「形」、キュロスは「指輪」を意味する。
同書に収められた展開図には、すべてエッシャーの図案を使用したイラ
ストが付けられていて、この展開図を切り抜いたり、折り畳んだりなど
すれば、自分で幾何学的な模型を組み立てることができる。

少ないけれどよいもの

　先に引用したラッファエッロのフレスコ画《アテネの学堂》（104頁参
照）において、プラトンは『ティマイオス』という本を手にしている。
この本は、プラトンの遺作と考えられ、少なくともルネサンス期まで彼
の著作の中では最も大きな影響力を持っていた。いつもの哲学的対話篇
ではなく、プラトンがピタゴラス派の思想にインスピレーションを得て、
宇宙観を論じた書である。
　『ティマイオス』では、物質の基本的構成要素が幾何学的な構造を持つ
ことが初めて明確に示されている。具体的には、正四面体が火に（「ピラ
ミッド」という言葉はまさに「火(ビル)」ということから由来していることを思い起
こそう）、立方体が土に、正八面体が空気に、正二十面体が水に結びつけ
られた[47]。
　プラトンは明確に、「水は、解体により、火という１つの体と、空気と
いう２つの体になることが認められる」と述べている。量子力学の創始

者の1人ヴェルナー・ハイゼンベルグは、『物理学と哲学』（邦訳『現代物理学の思想』）の中で、プラトンのこの指摘について注意を向けている。実際、水（H_2O）は、2個の水素（H）原子と、1個の酸素（O）原子から構成された分子である。プラトンは、水分子の合成の過程を予想したとみなすことができるのだ。さらに興味深いことに、2つの正八面体（空気）と1つの正四面体（火）を解体して得られる8＋8＋4＝20面の三角形を使って、正二十面体（水）を再構成することができる。

　プラトンは、分子が厳密な数学的法則によって支配され、原子が結び合わされて合成されたり、分子が原子に切り離されて分解されたりすると考えていたと言える。これは明らかに近代化学の誕生を宣言するものである。もちろん分子の幾何学的な構造は、正多面体よりもずっと複雑なものであるが。

　今日では、分子の立体構造を明らかにする立体化学という学問分野が発展している。しかし、果たして簡潔な立体構造を持つような分子が自然に存在するものだろうか。あるいは実験室で作ることができるのだろうか。その問題の解決に向け、最初の一歩を踏みだしたのは、化学者のライナス・ポーリングである。彼は1931年、当時はまだ生まれたばかりだった量子力学を応用して、炭素が4つの腕（原子価）を通じて他の原子とつながり、自動的に正四面体構造ができることを示した。

　有機物の例としてメタンCH_4では、4個の水素原子が、炭素原子を中心に、まさに正四面体の4個の頂点の位置に配置される。他方、無機物の例として爆発性の白リンP_4では、単に正四面体の頂点に4個のリンの原子が配置される。正八面体の例もある。温室効果ガスの1つである六フッ化硫黄SF_6は、正八面体の頂点の位置に6個のフッ素原子が、中心に硫黄原子が配置された分子構造を持っている。

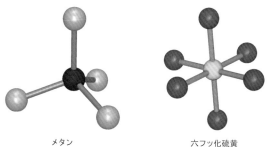

メタン　　　　　　　　　　六フッ化硫黄

キュバン   ドデカヘドラン

　正多面体構造を持つ炭化水素（炭素と水素だけでできた分子）は、他に
も考えられる。例えば、正四面体状の炭化水素分子のテトラヘドラン
C_4H_4、立方体状の炭化水素分子のキュバン C_8H_8、正十二面体状の炭化水
素分子のドデカヘドラン $C_{20}H_{20}$などである。これらの炭化水素では、炭
素原子がそれぞれの正多面体の頂点の位置にあり、水素原子はそれぞれ
の炭素からぶら下がっている。ところが、正八面体や正二十面体の炭化
水素は、構造上の理由から存在しない。

　今のところ、テトラヘドランはまだ合成されていない。しかし、キュ
バンは1964年にフィリップ・イートンにより、ドデカヘドランは1982年
にレオ・パケットによって初めて合成された。2000年にホルスト・プリ
ンツバッハは、ドデカヘドランから水素を取り去った炭素だけでできた
正十二面体 C_{20} の合成に成功した。これは、**フラーレン**[48]の最も小さな例
である。フラーレンは、ヘリウムの単一の原子をその中に取り込めるの
でヘリウムの空輸に有用である。フラーレンについては、後で詳しく考
察する。

　単分子から多分子に目を移そう。結晶の幾何学的な特徴などを研究す
る学問である**結晶学**によれば、正四面体、立方体、正八面体の形状をし
た結晶は存在する。ところが、正十二面体や正二十面体のような五角形

的対称性を持つ結晶はない。黄鉄鉱が結晶化
する場合、立方体や正八面体の形にはなるが
正十二面体にはならず、不規則な十二面体に
しかならない。

　ダイヤモンドの結晶の形は、ほとんど正八
面体で、たまに立方体、ごくまれに正四面体
である。それに対して**食塩**（NaCl）の結晶は、

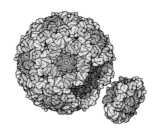

ウイルス「バクテリオファージφX174」の構造

1つはナトリウムイオンによる立方体、もう1つは塩素イオンによる立方体が互い違いに挟まった二重構造になっている。

　化学以外の分野、例えば**生物学**に目を向けてみよう。DNA二重螺旋構造の発見者として知られるフランシス・クリックとジェームズ・ワトソンは、1956年に**ウイルス**の構造は対称性を持つと予想したが、実際、ウイルスの形は、カプソマーと呼ばれる小さなタンパク質が多数合体してできた螺旋、あるいは正二十面体である。正二十面体ウイルスの最も単純な例は**バクテリオファージφX174**で、各面は長方形の小片3枚、全面60枚で構成されている。

　一方、ドイツの生物学者エルンスト・ヘッケルの著書『放散虫』（1862年）には、海のプランクトンの一種で、微小な原生動物である放散虫の芸術的な形状のスケッチが多数収められている。その中には、正多角形もある。

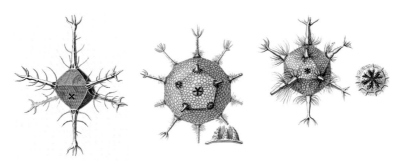

エルンスト・ヘッケルによって描かれた正多面体の形の放散虫。左から正八面体形のシルコポーラス、正二十面体のシルコゴニア、正十二面体形のシルコレグマ

　最後は、地球を離れて宇宙に思いを馳せてみよう。ケプラーは1596年に『宇宙の神秘』において、宇宙の中心を太陽とし、太陽の周りに5つ

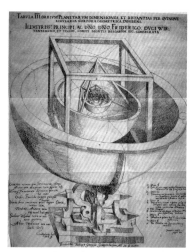

ヨハネス・ケプラー、『宇宙の神秘』（1596年）から太陽系のモデル

の正多面体が独特の順序で次から次へと入れ子構造にはめ込まれ、それぞれの正多面体のすき間に惑星が配置されている様子を思い描いた。

　宇宙全体について言えば、2000年前にプラトンが『ティマイオス』において、今日で、ジャン・ピエール・リュミネが『宇宙の神秘的幾何学』において、正十二面体的構造を提案している。しかし、これらはおそらく科学的仮説というよりは芸術家たちの夢想と変わらない。

　いずれにせよ芸術家たちもまた、このテーマに無関心ではなかった。残念ながら散逸してしまったものの、1490年頃ピエロ・デッラ・フランチェスカが『五つの正多面体』を著したことがわかっている。ルカ・パチョーリの著書『神聖比例論（黄金比）』（1509年）は、ピエロ・デッラ・フランチェスカの著書に基礎を置いて書かれたものだが、こちらは歴史に残った。パチョーリのためにレオナルド・ダ・ヴィンチが、５つの多面体他のさまざまな挿絵を描いている。挿絵には２つのバージョンがあり、一方は面のある「詰まった」もの、もう一方は骨格だけの「空の」ものであった。

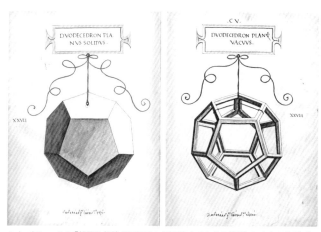

ルカ・パチョーリの『神聖比例論（黄金比）』（1509年）のための版画、レオナルド・ダ・ヴィンチ、《中の詰まった正十二面体と空の正十二面体》

これは自明である

ユークリッド

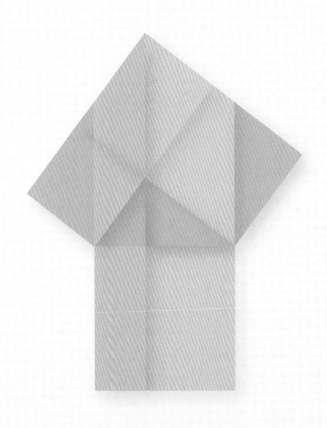

CAPITOLO VII

第7章　｜　これは自明である――ユークリッド

前332年、24歳になったばかりのアレクサンドロス大王が、ほとんど戦わずしてエジプトを征服する。ナイル川をメンフィスまで遡り、そこでファラオの称号を受ける。海岸まで戻って来ると、新しい町アレクサンドリアの輪郭を小麦で記す。シワ・オアシスのアモン神殿に赴くと、神託を伺い神の子であると告げられる。前331年、ペルシアからインドに至る新たな征服に出征する。前323年、後継者を指名することなく、33歳にしてバビロニアで死ぬ。

途方もなく広い彼の帝国は、部下の将軍たちによって争われ分割されてしまう。エジプトではプトレマイオスが総督となり、一連の長い戦争の末に自分の権力を固める。前305年に彼は王の称号を受け、プトレマイオス朝を始めるが、その権力は3世紀にわたって続く。彼の子孫は全員がプトレマイオス、彼らの姉妹にして妻でもあった者らの多くがクレオパトラと名乗る。最後にして最も有名な第七番目のクレオパトラもそこに含まれるのであるが、彼女の自殺後、プトレマイオス朝はローマ帝国の支配下に置かれる。

プトレマイオス一世は、アレクサンドロス大王の遺体をアレクサンドリアに埋葬させた。アレクサンドリアが国際性豊かな首都として開花し、数世紀にわたってアテネやローマに張り合うまでに発展をとげたのは彼のおかげである。アレクサンドリア港の向かい側のファロス島に世界の七不思議として知られることになる灯台の建造を決定したのも、学術センターのムーセイオンを設立したのも彼だった。学術を司る女神ムーサ（ミューズ）の神殿を意味するムーセイオン[49]は、ヘレニズム文化の人文科学と自然科学の発展の中心となった。

ムーセイオンの隣に、かの有名な図書館を建てたのも彼である。アレクサンドリア図書館は建造の数世紀後、野蛮人たちによって火をつけられることになる。その野蛮人がキリスト教徒であるか、イスラム教徒であるかはわからない（スープでないとすれば、それは浸したパンというものだ[50]）。アレクサンドリアにあった神殿セラペイオンには図書館の分館が併設されていたが、391年、ローマ皇帝テオドシウス帝の布告の効果で、神殿とともに破壊された。というのも同年テオドシウス帝が、異教（キリスト教以外の宗教）の神殿への訪問を禁じたからだ。その結果、新興のキリスト教の狂信者たちが、この暴挙に出た。しかしながら図書館を破壊したのは、第二代カリフ（イスラム国家の指導者）のウマルかもしれない。彼は642年に次のように布告したらしい。「もし『コーラン』にすでにあるものをもたらすとすれば、無駄である。『コーラン』にないものをもたらすとすれば、有害である」。

王道はない

　前300年頃、プトレマイオス一世の治世下で、ムーセイオンにユークリッド（エウクレイデス）という名の男が働いていた。『原論』の作者として、歴史に名を残した数学者である。その書物は、実質的には原初から当代までに至る古代エジプトと古代ギリシャの数学的成果の回顧展と言えるような作品であった。

　プロクロスが著書『ユークリッド原論第1巻注解』に記した逸話が本当だとすると、その回顧展はプトレマイオス一世自身の注意をひいたに違いない。プロクロスによれば、王はユークリッドにその内容を習得する近道はないか訊ねたという。すると、有名な答えが返ってきた。「幾何学には王道はございません」。

　王に向かってそのように語る者のことだ、もちろん一般の人々に対して遠慮することはなかった。ある日、ひとりの生徒が何回かの講義に通って、彼が習っている公理すべてが何の役に立つのかと聞いた。即座にユークリッドは、ある奴隷に命令した。「幾何学から何かを得て満足するように、この者にいくらか小銭をくれてやれ」。

　後のニュートンも、似たような逸話を残している。彼は、一生に1度だけ笑ったと言われている。それは誰かが読書中の彼に、「今読んでいる

(左) ラッファエッロ・サンツィオ、《アテネの学堂》の部分、ユークリッド (コンパスを持つ男)、1508-11年
(右) ユークリッド『原論』の最も古い写本断片の1つ。オクシリンコスで1896年に発見され、1世紀に遡るもの

その本が何の役に立つのか」と前の者と同じように聞いたときだった。言うまでもなく、その本は『原論』であった。

　もちろんユークリッドの弟子が皆、幾何学に価値を見出せない者であったわけではない。実際アレクサンドリアの学校は、当時、数学研究の世界的中心だった。そこで学び働いた者の中には、アルキメデス、アポロニウス、エラトステネス、ヒッパルコス、メネラオス、プトレマイオス、ヘロン、パップス、ディオファントスがいる。つまり、ヘレニズムの最良の数学者と科学者が在籍していたのである。そのうちの多くの者については、後に語ることにしよう。

　とはいえ、ユークリッドが架空の人物でなく、実在したのかどうかさえも、われわれには確信が持てない。『原論』を単独で書いたのか、それとも他の者たちを指導して全集を編集したのか、『原論』がすでに存在していたテキストの丸写し、とりわけヒポクラテスによる同名の『原論』とテアイテトスの著作の丸写しではなく、本当に彼の作品であるかどうかについても定かではない。

　いずれにしても、重要なのは作品であって作者ではない。アルキメデス以来、ギリシャ人たちはもはやユークリッドを名前で呼ばず、単に「ストイケイオテス (『原論』の作者)」と呼ぶのも偶然ではなかろう。そしてその作品は、もちろん重要であったのだ。『原論』は、出版を重ねた本のランキングで、数世紀にわたって『聖書』と第1位を競える唯一の書物であった。

しかし『原論』は世界的に賞賛されたが、十分理解されたとは言いがたい。その一例は、「三角形の2辺の和は、残りの1辺よりも大きい」という命題1の20である。この命題に対し、エピクロス派の人々は、証明の必要などないと異議を唱えた。中庭にいるロバでさえ、ある角<ruby>角<rt>かど</rt></ruby>にいてもう一方の角に藁を見つけたら、対角線に沿って横切る。壁に沿って行くことはあり得ないと、彼らは主張した。

いずれにしても明らかにギリシャ語で書かれた後、『原論』はアラビア語に少なくとも3回、800年頃、900年頃、1200年頃に翻訳された。アベラルドゥス（アベラール）が1120年頃にアラビア語からラテン語へ訳して以来、いくつかのラテン語版も作られた。

最初の出版は1482年に遡り、『聖書』の最初の出版の直後である。そのときから『原論』は学校の一般的な教科書となり、16世紀の初頭には、第1巻が「数学の師」と呼ばれるほど普及していた。

方法論

『原論』の最も重要な意義は、「ギリシャ流の」数学的推論の規範を示した点にある。その規範は、次の2つの手続きに基づく。

- 何よりもまず概念の**定義**がある。**原始的概念**から出発して、次第に複雑な概念を定義していく。
- ついで命題の**証明**があるが、それは、**公準や公理**と呼ばれる証明されない原初的命題から出発して、次第に複雑な命題の証明となる。公準は「信じることを要請されるもの」であり、公理は「値する」を意味するギリシャ語のアクシオスに由来し「信じるに値するもの」である。

このような自明性の論証は、その少し前にアリストテレスが著書『形而上学』ですでに理論化していた。アリストテレスは「すべてが証明され得るわけではない」と合理的に考え、複雑な命題の証明から単純な命題の証明へ歩みを後退させていく中で、「どこで止まるべきか知っていることはよき教育者の印である」と表明していた。

単純なものから複雑なものへと逆に進むため、アリストテレスは、論理学の要請や自明な事柄を使って命題や定理の証明を可能にする構造をはっきりさせるべく組織的に研究し、6つの作品として残した。彼の論理学に関する一連の著作群は、『オルガノン（道具)』と呼ばれるが、全

く適切な総称である。

　ユークリッドの『原論』は、アリストテレスの研究成果を活かした最初の実例であり、その後、規範的な役割を果たすことになった。なるほど今日の基準から見れば、『原論』が完全に規範的とは言えない。例えばユークリッドは、定義された概念と定義されない概念を区別していない。しかし『原論』の知的厳格さ、議論の緻密さ、形式の正確さは推論のモデルとなったし、2000年にわたって数学の地位を他のどんな学問よりも上に引き上げた。

　しかしまさにそれゆえに、高く飛べずまた飛びたくもない者たちにとって『原論』は、耐え難い書物である。『原論』は単純なものから複雑なものへ**統合的**に進むが、幾何学における発見の歴史は、複雑なものから単純なものへ**分析的**に進んだ。したがってユークリッド以来、作られる数学と語られる数学は別物になった。数学は日常生活や仕事などフィールドで学ぶものでなくなり、書物の上で学ばなければならなくなり、多くの人がおおいに戸惑うことになった。

　プトレマイオスに答えるとすれば、おそらくは数学の王道は「ある」。王道は、数学の歴史的な起源を辿ることだ。それはちょうどわれわれが今やろうとしていることである。

点、線、面

　『原論』は、単に数学の成果を集めて系統的に並べただけの書物ではない。むしろ自明な事柄と限られた概念から始まり、推論によって知識を組織化したものである。

　第1巻では、23個の**定義**が述べられている。その中には、ここまでわれわれが定義せずに使ってきた**点**、**線**、**面**の定義も含まれている。点は「部分のないもの」、線は「幅のない長さ」、面は「長さと幅だけを持つが高さを持たないもの」と定義されている。

　『点、線、面』（邦題『点と線と面へ』）は、それぞれ画家ワシリー・カンディンスキーの1926年の著作の題名でもある。彼はこの3つの要素を基盤に、自らの抽象芸術を築いたのだった。「幾何学的点は、見えないものであり、非物体的であり、物質としてはゼロに等しい」とあり、彼が数学者と変わらないヴィジョンを持っていたことがわかる。線、面につ

ワシリー・カンディンスキー、《赤い小さな夢》、1925年。『点と線から面へ』の表紙であり最終的な図

いてはそれぞれ「幾何学的線は、見えないものであり、点の濃い自己所有的な静けさをこわす点の動きから生ずるものである」「面は、芸術作品の内容を受け取るように呼ばれた物質的面である」とした。

　点に関するユークリッドとカンディンスキーの定義は、すばらしいのだが難点もある。彼らの定義は、点が何であるかというよりは、何で「ない」かという説明にとどまるのである。ユークリッド以前、ピタゴラス派の人々は点を「位置を持ったモナド」と、プラトンは「ある線分の端」と定義した。アリストテレスによれば、点は線分の部分ではなく、線分の端ですらなく点の運動が線分を作り出すという。

　ユークリッド以前、点はギリシャ語で「刺すこと」を表すスティグメと呼ばれていたが、「印あるいはマーク」を表すセーメイオンと呼ばれるようになった[51]。点はその後、芸術的な意味も持つようになる。19世紀後半に起こった点描主義運動は、形を色のついた物質的な点の集合にした。この技術は無意識にはモザイクで使われていたが、意識的に使った初期の画家は、10世紀の中国の董源だ。だが点描主義は、公式にはフランスのジョルジュ・スーラが「分割主義」による作品を発表し始めた1883年となっている。

ジョルジュ・スーラ、《ポーズする女（横向き）》、1887年

　ユークリッドは線を、**グランマ**（「書きつけ」あるいは「描いたもの」）と呼ぶ。そして面を、「現れたもの」を意味する**エピファネイア**と呼ぶ。ここには「外から見えるもの」という意味合いが込められているが、エピは「上」、ファネインは「現れる」を表すからである。「地面」を表すペドンという語を使ってから、プラトンは面に「平たいもの」を意味する**エピペドン**という言葉を当てていたが、それは後に平面だけに使われるようになった。それに対してピタゴラス派の人々は、面を「皮」あるいは「肉」を意味する**クロイア**と呼んだ。どの場合でも、それらはすべてもともとある物体の表面を表す言葉だったが、次第に数学的な面に意味が広げられたのである。

　点、線、面を定義した上、ユークリッドはそれらを互いに結びつけ、「線の端は点」であり、「面の縁は線」であるとした。彼は、線のうちから**直線**を、面のうちから**平面**を区別したが、それは両者とも固有性を持つからである。直線は2点に対して固有であり、平面は2本の直線に対して固有である。

　プラトンは直線を、「中間の1点がそれの末端となる2点に対してその前方にある」ような場合の線であると定義した[52]。わかりやすく言えば、直線の内側から直線に沿って2方向を見ると、どちらの方向にもただ1つの点しか見えないという意味である。しかし、これは幾何学的な直線ではなく、可視光線によって通り抜けられる視覚的な直線を定義しているに過ぎない。実際には、幾何学的な直線と視覚的な直線が一致するとは限らないのである。

反則の足技[53]

　ユークリッドの定義集は続く。彼は**角**を、「交差する2本の線の傾き具合」と定義して特徴づけた。**平角**は同じ平面の上にある1本の線で決定され、**直線角**は2本の直線で決定されるとした。さらに**直角**は、「すべての角を等しく形成するように交わる2本の直線で形成される」と定義された。

　角度は**ゴニア**と呼ばれ、それは膝を意味する**ゴニ**「膝」に由来する。膝をある種のコンパスのように見ていたのだ。「膝1つ分」と言えば、ゼロ度から平角までの角度を指した。ただしそれ以上の角度は考慮されな

かった。

そのためかギリシャ人たちが、多角を意味する**ポリゴノ**を、多辺を意味する**ポリプレウラ**から区別していた。プレウラは、「肋骨」からくる。ギリシャ人にとっては、「4辺を持つ三角形」のように見えるパラドックスがあった。それは単に上図で、3つの角は鋭角であるが1つの角は平角よりも大きく、「存在しない」角になってしまうからであった。

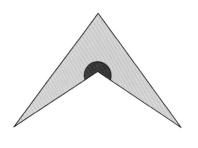

円、三角形、正方形

　最終的にユークリッドは、幾何学的図形の定義に辿りつく。順番に紹介しよう。**円**は、「ある点から等距離にある線によって含まれる図形」。**三角形**は、「3本の直線によって囲まれる直線的な図形」。そして**正方形**は、「4本の直線によって囲まれ、同じ長さの辺、同じ角を持つ、直線的な図形」である。

　円、三角形、正方形は、幾何学の基本的な図形である。これら3つを描いた作品の中でよく知られているのが、日本の仏教僧、仙厓義梵による《○△□図》である。18世紀の禅宗における最も重要な芸術作品と評価されている同作は、一筆書きで描かれた3つの図形だけで構成されている。禅僧はこの禅画を見ながら、瞑想を通じて有限なる物体と無限なる宇宙との結びつきを考える。

　ジョルジョ・ヴァザーリの『芸術家列伝』によれば、ジョットがボニファキウス八世の使者に対して描いた円こそ、**円**の最も神秘的な表現である。前腕をコンパスのように使い、肘を胸にしっかり固定しておいて、ジョットは一気に完全な像を辿ったのであった。『芸術家列伝』によれば、その円は赤色であったという。

仙厓義梵、《○△□図》、18世紀

　禅の文化では、一筆で描

泥龍、《竹円相》、20世紀前半

かれた円は「円相」と呼ばれる。美学的な方法で描かれた円相は、幾何学的に完全である必要はない（あるいは不完全でなければならない）。8世紀の伝説によれば、最初に円相を描いたのは、仰山という僧であった。仰山は、どのように啓示を得ればよいかと問われ、その答えとして「2番目によい方法はそれを考え理解すること、3番目は何も考えず理解しないこと」と口にしながら、円相を描いたという。

　他のさまざまな文化では、円が天や宇宙を表すのに用いられた。ストーンヘンジの巨大な集合体から、メキシコシティの博物館に保存されているアステカの暦に至るまで。ヒンズー教徒は、シヴァ・ナタラジャを円形の火の輪の中で踊らせた。それは再生を象徴していた。道教の者たちは、対立する陰と陽が補完しあって秩序が保たれると考えた。この思想を表しているのが、白と黒の勾玉を組み合わせた円形の太極図である。仏教徒は、彼らの教義の極意である**輪廻**思想を、3、6、12個に分かれた3つの同心円で表した。

　芸術分野においても、円は重要な役割を果たしている。例えば、カンディンスキーの《いくつかの円》（1926年）と、ロベールとソニアのドローネー夫妻の《円の形》（1912年）、《リズムと色、円と半円》（1939年）がよく知られている。

　円を使って正真正銘の詩と言える絵画を描いたのはケネス・ノーランドで、彼は「絵画的抽象以降の抽象画」と呼ばれる抽象絵画の代表的な画家である。《円》（1958年）、《丸》（1959年）、《的》（1962年）など意味深い題名がつけられた作品以外にも、数限りなく同心円を描いた。

　建築分野でも円は多用される。例えばローマに限って言えば、パンテ

ロベール・ドローネー、《豚の調教》、1922年

オン、カステル・サンタンジェロ（天使城）が知られている。

　次に**三角形**の使用例を見てみよう。典型的な例は、ゴチック美術に見られる。例えばミラノのドゥオーモのファサードは、もともと幾何学的議論に基づいて設計された。結局、正方形の上に三角形が乗るのが一番よいという結論に落ち着き、建築家チェーザレ・チェザリアーノの設計が採用された。彼が1521年に監修した古代ローマの建築家ウィトルウィウスの『建築について』に、その図面が載っている。

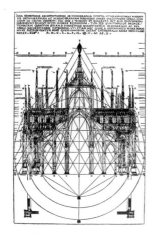 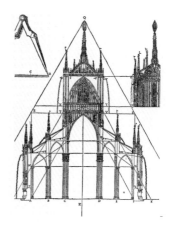

ミラノのドゥオーモの断面図、ウィトルウィウス『建築について』、チェーザレ・チェザリアーノ監修（1521年）所収

　正方形に関しては、まさにそれを主人公の名前（A・スクエア）に使っている小説、エドウィン・アボットの『フラットランド　多次元世界の物語』（1884年）がある。ヤントラに正方形が利用されていることはすでに述べたが、他のさまざまな聖なる建造物の平面図にも正方形は多用されている。正方形は、西洋ではアタナシウス・キルヘによって地上の楽園の形として使われたが、抽象芸術のテーマの1つとして好まれている。

　例えばすでに紹介したピエト・モンドリアンとテオ・ファン・ドースブルフの作品は、一般的な例である。特殊な例として、カジミール・マレーヴィチがシュプレマティスム（絶対主義）のコンポジション（構図）を見事に表した《赤い正方形》（1915年）、《白い背景での白の正方形》（1918年）、そして《黒い正方形と赤い正方形》（1920年）が挙げられる。彼の墓は白い立方体で作られ、黒い正方形で飾られている。

　しかし正方形の真の王者は、ドイツの美術学校バウハウスに学んだヨ

カジミール・マレーヴィチ、《黒い正方形と
赤い正方形》部分、1920年と《赤い正方
形》、1915年

ーゼフ・アルベルスである。彼は戦後、腹立たしいほどシンプルな配色
と規則正しい構成で正方形を描いた。《正方形へのオマージュ》のシリー
ズは、1949年に始められ1976年に死ぬまで続けられたが、何百というデ
ッサンや習作を含んでいる。彼は、４つの異なる色の正方形を入れ子状
に描き、色彩の可能性を追究した。

位置について、用意

　点、線、面などの概念を定義した後、ユークリッドは基本的な仮定と
して５つの**公準**を導入した。１から３番目の公準は、定規とコンパスを
使って線分と円を作図する知識に関して述べたもので、４番目の公準は
直角の特徴について述べたものである。
①任意の１点から他の１点を結ぶ線分を引くことができる。
②あらゆる線分は、無限に延ばすことができる。
③任意の１点と１本の線分があれば、１点を中心とし、かつ、線分を半
　径として円を描くことができる。
④すべての直角は互いに等しい。
　最初の４つの公準は、点の存在について何も言っていない。これらは
ある方法で作られた線分と円についての存在を認めているが、ただ１つ
存在することを認めているのではない。３番目の公準は直角がただ１つ
存在することを認めているが、その存在を認めているのではない。
　こうした欠点のうちのいくつかは、詭弁的ではあるものの正当化され

ている。例えば、定規とコンパスによって直角を作図できるので、最初の3つの公準に基づき、直角の存在が証明できるとされる。

しかしながら、取り繕えない欠点もある。例えば、ちょうどよい点が存在しなければ、このゲームは始まることさえないのだ。しかし少なくとも2つの点が存在すると想定しても、公準のもとでは、2点を結ぶ線分が唯一であることを証明することはできない。同様に円に対しても、適当な点と線分に対してその点を中心とし、線分を半径とする円が唯一であることを公準からは証明できない。

にもかかわらず最初の4つの公準は、平面の特性についていくつかのことを暗示してくれる。2点の存在を想定すると、第2公準から「平面は少なくとも一方向には無限に延長できる」、第3公準からは、「平面をすべての方向に延長できる」と推論される。

第4公準からは、「平面はどこも同じ特性を持っている」ことが推論される。ここから例えば《LAL（辺L-角A-辺L）の合同条件》、すなわち、「2つの三角形が等しい2辺とその間の角を持つとき、それらは等しい」といった命題（命題1の4）も導かれる。

ユークリッドは、LALの合同条件を証明している。その方法は、2つの三角形のうちの1つをもう一方の三角形の上にずらして、両者が一致するか調べるというものだった。そのような方法でよければ、1つの直角をもう一方の直角にずらせることで、第4公準も証明することができただろう。「移動と重ね合わせ」による証明は、直感的で、われわれもすでに使っている。しかし、『原論』の基本方針に厳密に従うなら、何らかの公準に基づいて正当化されねばならないはずだが、ユークリッドはそれを明らかにしなかった。

順序を逆にして、LALの合同条件を公準に採用すればよかったのだろう。実際ヒルベルトは1899年、LALの合同条件を公準として、ユークリッドの第4公準を「証明」した。現在の幾何学は、まさにその方向にある。

しかしユークリッドは、「移動と重ね合わせ」による証明をLALの合同条件に対して使ったおかげで、他の2つの合同条件に対しても同じやり方で証明することができた。つまりLLL（L辺-L辺-L辺）の合同条件、「2つの三角形が互いに等しい三辺を持つとき、それらは等しい」、そしてすでに触れたALA（A角-L辺-A角）の合同条件、「2つの三角形が互いに等しい1辺とその両端の角を持つとき、それらは等しい」の2つである。

平行棒の特訓

　『原論』第1巻で述べられる23個の定義の最後は、**平行**に関するものである。ユークリッドは平行線を、「同じ平面の上にあって、いずれの方向に行っても交わらない直線である」と定義している。なお平行は、ギリシャ語の「近くに」を意味するパラと、「互いに」を意味するアレオンに由来し、「片方がもう一方に隣り合う」を意味する。

　最後の公準も平行に関するものであり、2本の直線が平行でないことを認識する条件を規定している。

⑤　1本の直線が2本の直線を横切るとき、同じ側にできる2つの内角の和が平角よりも小さいならば、2本の直線はその同じ側で交わる。

　記述の長さに、一見して気づかれるだろう。第5公準は、他の4つの公準とは性格が異なっている。ユークリッドはそれを意識して、なるべくこの公準を使わなかった。第5公準が最初に登場するのは命題1の29で、1本の直線が2本の平行線を横切るとき、同位角が等しいこと、及び錯角が等しいことを述べている。

　この命題の後、第5公準は平行四辺形の性質に関する命題の証明に順次使われる。例えば、「任意の平行四辺形において、対応する辺は等しい」という命題がある。実際、平行四辺形を1本の対角線で2つの三角形に分けると、それら2つの三角形はALAの合同条件により等しいことに注目すれば、この命題は証明できる。この場合ALAの合同条件は、1つの辺（対角線）を共有し、2つの隣接する角（2組の錯角）が等しいことにより満たされている。

　平行四辺形の性質から、これもまた段階的に、三角形の性質が導かれ

第7章　これは自明である──ユークリッド

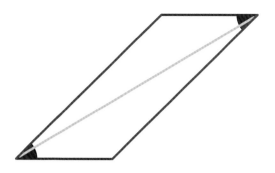

る。例えば、平行四辺形を対角線によって分けてできる2つの三角形は等しいことから、「三角形の面積は同じ底辺と同じ高さを持つ平行四辺形の面積の半分である」ことが証明される。

　結局、基本的な幾何学の命題は、すべて平行線公準をよりどころにしているのである。そこでユークリッド以降の多くのギリシャの数学者たちは、他の4つの公準を基礎として第5公準を証明しようと努力した。『原論』の基礎を、第5公準よりも直感的で基本的に思えた最初の4つの公準に減らすためである。

　後で、このような証明の試みが生み出した予期せぬ有益な結果を見ることにする。さしあたって言及したいのは、2つの改良例である。それらは第5公準を同等か、さらに魅力的なものに改良できることを示している。

　最初の改良例は、5世紀にギリシャの哲学者プロクロスによる『ユークリッド原論第1巻注解』で紹介されている。ユークリッドの最も機械的な公準の代わりに、その改良例は今でも使われるのだが、間違ってジョン・プレイフェアに由来するとされている。彼は、1795年に『幾何学原論』において、第5公準の改良例を普及させた。

● 「直線外のある点を通って、ただ1つの平行線が引かれる」

　第2の改良例は、ジョン・ウォリスが1663年の会議で明らかにし、1693年に『数学的作品』の中で披露したものである。興味深いことに、第3公準が円に対して言っていることを三角形に対して言えば、第5公準の言い換えにすぎないことを示した。

● 「任意の三角形と線分について、その線分を辺として持つ、相似の三角形が存在する」

幾何学のイコン、風車

　ユークリッドの第1巻は、ピタゴラスの定理の証明で終わる。それを読むと、ピタゴラスの定理を証明するために公準と数々の命題が第1巻全体を使って書かれたと思えるほどである。

　ユークリッドは、「最も切り詰めた」方法でピタゴラスの定理を証明している。利用するのは、直角三角形の各辺の上にできる正方形とタレスの三角形の相似の定理である。

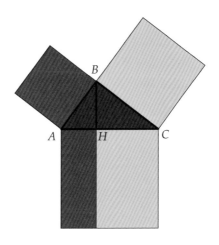

　実際、三角形AHBと三角形ABCは相似であり、それぞれ対応する辺の長さは比例する。よって、

$$\frac{AH}{AB} = \frac{AB}{AC} \qquad すなわち \qquad AH \times AC = AB^2$$

三角形CHBと三角形ABCについても同様である。この証明は単純だが、それは、まさに相似の定理しか使っていないからである。

　しかしユークリッドは、相似三角形の代わりに同じ底辺と高さを持つ平行四辺形を使っても、同じ結果を得られることに気づいたのだった。実際、直角三角形の直角を挟む2辺（隣辺）と斜辺の上に作られる正方形の辺を延長すると、2つの平行四辺形ができるのである。

　隣辺の上に作られた2つの正方形は、2つの平行四辺形に等しい。なぜなら、それらは同じ底辺（正方形の辺である）と同じ高さを持っているからである。そして平行四辺形は、長方形に等しい。というのも同じ底

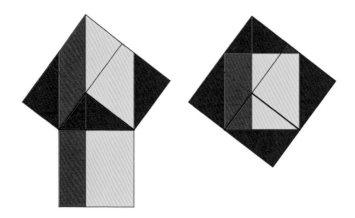

辺（斜辺の上に作られた正方形の辺）と、同じ高さ（AHとHC）を持つからである。

　しかし、まだ問題が1つある。平行四辺形と長方形の底辺が等しいことを見るためには、それを一致させなければならない。つまり公準によっては正当化されていない「移動と重ね合わせ」による過程を、再び使わなければならないのである。

　しかし、今回、事態を簡単に改善する解決法が少なくとも2通りある。1つ目は、図形を埋めていく方法である。まず隣辺の上にできる正方形の辺を延長させる。次にもとの直角三角形を、斜辺を軸にひっくり返す（上図右）。そうすると、75頁（上図右）にある、われわれがピタゴラスの定理の証明のため最初に使った図を得ることができる。

　その証明が三角形の移動に基礎を置いていたのに対して、今度の証明は平行四辺形の定理のみによっている。斜辺の上に作られる正方形が2つの長方形に解体されて、それぞれの長方形の面積は隣辺の上の正方形の面積に等しいのである。

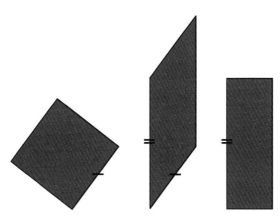

ユークリッドが示した、もう１つの方法では、下図のように三角形BAA″ と三角形A′ AC と比べてみる。そうすると、次のことに気づく。

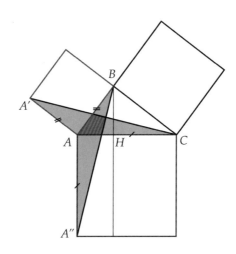

- BA と A′A は、ともに隣辺上の同じ正方形の辺であるので、等しい。
- AA″ と AC は、ともに斜辺上の正方形の辺であるので、等しい。
- 角 BAA″ と角 A′AC は等しい。なぜなら、両方ともに直角と角 BAC を足すと得られる角だからである。

　２つの辺とその間の角が等しいので、２つの三角形は LAL の合同条件によって等しい。それらは、まさにぴったり、互いにもう一方を90度回転させたものである。

　さらには、

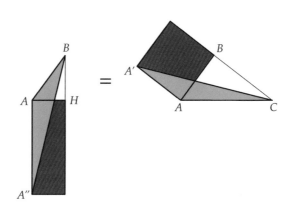

- 三角形BAA″は、長方形の半分の面積を持つ。なぜなら、AA″という同じ底辺とAHという同じ高さを持つからである。
- 三角形A′ACは、直角三角形の隣辺AB上にできる正方形の面積の半分である。なぜなら、A′Aという同じ底辺を持ち、かつABという同じ高さを持つからである。

　これら2つの三角形は、合同なので同じ面積を持っている。上で見たように、その面積は正方形、長方形双方の半分である。よって、片方の隣辺上の正方形の面積は、斜辺上の長方形の面積に等しい。同じことはもう一方の隣辺上の正方形と、斜辺上のもう一方の長方形についても言える。こうしてわれわれはついに、「隣辺上の正方形2つは、斜辺上の正方形（2つの長方形の和である）に等しい」ことを証明した。

　ここまでピタゴラスの定理について半ダースほどの証明を紹介してきたが、そのうちユークリッドの方法が最も直感的で直接的な証明とは言えないのは確かである。しかしこれはアリストテレスによって提言され、ユークリッドによって実現された、論理的、公理的なしくみに根ざした古典的証明なのだ。証明に使われた図は、幾何学のイコンとなり、風車と呼ばれた。隣辺上の正方形は風車の羽、斜辺上の正方形は羽を支えるタワーである。

始まりか終わりか

　ピタゴラスの定理の例が証明するように、『原論』は、ある歴史の終わりであって始まりではない。実際『原論』の頁を繰っていると、大部分の頁で、われわれがここまでの歩みで目にしたものを再び目にすることに気づく。

　公式には、『原論』はすべて幾何学の様式にしたがって書かれている。しかしこのための装いの下に、『原論』の実に半分は幾何学以外の数学の分野が扱われているのである。

- 第2巻から第6巻の大部分では、代数学に割かれている。そこでは、$(a+b)^2 = a^2 + 2ab + b^2$ のような式が証明されている[54]。そして、2次方程式 $ax^2+bx+c=0$ が解かれている。
- 第7巻から第9巻は、整数の算術に割かれ、最大公約数の決定のための互除法や、素因数分解に関する定理について述べられている。

● 第5巻と第10巻は、実数の分析に割かれている。第5巻では、エウドクソスの比の理論、第10巻では、テアイテトスの無理数の平方根と2重平方根の分類が述べられている。

例えば、

$$\sqrt{2} \quad \text{あるいは} \quad \sqrt{\sqrt{2}+\sqrt{3}}$$

などである。

　他の巻の中で、われわれの注意をひくものとしては、**平面幾何学**を扱う巻と、**立体幾何学**を扱う巻がある。全体で465個の命題が本書でここまで語ってきた歴史の始まりと終わりの間に散りばめられているのは偶然ではない。

● 第1巻は命題1で始まるが、その内容は、定規とコンパスを使って二等辺三角形を作図するというものである。この作図を2回繰り返すと、任意の線分に対して垂線を引き、それを2等分することが可能になる。

● 第13巻を締めくくる命題18は、テアイテトスの5つの正多面体の唯一性についての定理とその証明である。

　これら2つの間に、『原論』は基礎的な幾何学をすべてを盛り込んでいるのだ。読み返してみると、あちらこちらにわれわれは、タレス、ピタゴラス、デモクリトス、テアイテトスという名前に結び付けられたすべての偉大な定理が散りばめられているのを発見することになる。

　『原論』の頁をめくっていると、ここまでわれわれが見てきたすべてのことをしっかり復習することになる。『原論』の訳本をじっくりと読むと、きっと役に立つことだろう。

第 8 章

天日レンズ

アルキメデス

　前264年に、ローマ人たちはメッシーナ海峡[55]を渡った。それはローマ人たちが地中海において、対抗する者のない覇権を１世紀かけて確立するプロセスの最初の一歩であった。６年来シラクーサの僭主（せんしゅ）であったヒエロン二世が、メッシーナに君臨していたマメルティーニ[56]に対して攻撃を仕掛けた。この攻撃にローマは介入したのだ。

　マメルティーニはローマに助けを求め、ローマ人たちはアッピウス・クラウディウス執政官の指揮のもとにシチリアに上陸した。当時までローマとカルタゴの関係は良好であったが、メッシーナへの介入で台無しになってしまった。カルタゴは、シラクーサと同盟を結んだが、ローマの攻撃に対抗することはできなかった。前263年にヒエロン二世は、寝返ってカルタゴとの同盟を裏切り、ローマ側についた。

　ヒエロン二世は、うまくやったのだ。というのも、適切な側を選んだからだ。前241年までカルタゴとローマは、第一次ポエニ戦争でシチリアの覇権を争い、シチリア島からカルタゴ人が追い払われる結果になった。シチリア島は歴史上ローマの最初の属州となり、シラクーサだけがローマと同盟を結んではいたが、公的に独立していた。

　ヒエロン二世は、前215年に第二次ポエニ戦争の真最中に死んだが、その戦争は西地中海の覇権を争ったものであった。彼の孫のヒエロニュモスは、ハンニバルがローマ人たちに対して優位に立っていると考え、カルタゴからの全シチリアの支配を任せてもらう約束につられて、またしても寝返ったのである。

　前214年に、シラクーサはカルタゴとともにローマに対して戦争を始めた。カルタゴに容易にシチリアの大部分を征服されたローマはマルケ

ルス執政官の指揮のもとに島に最強の軍団を送りこんだ。シラクーサは海からも陸からも包囲され、前212年に陥落した。ハンニバルの決定的敗北と第二次ポエニ戦争の終焉は前201年まで待たねばならなかったとはいえ、前210年にシチリア島はローマの支配下に入り、再統一された。

エウレカ！

　シラクーサが築いた頑丈な要塞は、かつて陥落したことがなかった。敵軍ローマは18カ月の包囲の後、ようやくその中に侵入することができた。それというのも、シラクーサの市民がディアーナ（アルテミス）に捧げる宗教的な祭りを開催しているときに、ローマと通じるシラクーサの歩哨（ほしょう）が都市の門を内側から開けたからであった。レギオン兵士［傭兵］たちは、略奪の限りを尽くしたが、疑いもなくその虐殺の最も有名な犠牲者は、古代最大の天才、歴史上最も偉大な者の１人である75歳のアルキメデスであった。
　間違いがあったか、ローマの兵士の方が熱くなりすぎたか、いずれかであろう。なぜならマルケルスは、アルキメデスを生きたまま捕らえることを、はっきりと命じてあったのだから。手を下した兵士は、アルキメデスを知っていた。しかしながら、それは彼を数学者としてではなく、「大量破壊兵器」の発明者としてである。事実その兵器は、包囲戦にあたって彼がシラクーサの町に提供したものであった。

（左）ドメニコ・フェッティ、《アルキメデス》、1620年
（右）数学者にとって最高の勲章、フィールズ賞の表に刻まれたアルキメデスの顔

ジューリオ・パリージ、《鉄の腕》左と《天日レンズ》右、16世紀末

　アルキメデスが発明した兵器の中には、かなり誇張されていると思われるが、遠距離から大きな石を投げる投石器があったと報告されている。また水に浮かんだ敵船を持ち上げて、叩きつける鉄の腕もあった。そしてとりわけ有名なのが、「天日レンズ」である。そのレンズは太陽光線を集め、敵船に「死の光線」の焦点を合わせることで火災を起こしてしまったらしい。しかしながらその話を報告したのは、古代の歴史家ではない。1世紀も後、ウァレリウス・マクシムスの『記憶すべき事績について』に初めて現れることから、信憑性は定かではない。

　いずれにせよ包囲戦は、科学者アルキメデスがシラクーサの都市や政府のために尽くした最初の機会ではなかった。武器以外にも、アルキメデスはシラクーサのために大きく貢献しているのだ。最も有名なエピソードは、ウィトルウィウスの著作『建築について』において語られているものであろう。アルキメデスは、ヒエロン二世のために鋳造された王冠の金に銀が混ぜられていないかどうか定める方法を発見したという。彼はそのアイデアを風呂に入っているときに思いつき、興奮のあまり「エウレカ（見つけた）」と叫びながら、裸のまま水をしたたらせて街中を走り抜けた。

　このエピソードは歴史的な事実というよりは、アルキメデスが著書『浮体の原理』で述べている、今日「アルキメデスの原理」と呼ばれる原理を宣伝するために、わざわざ作り上げられた伝説のようである。彼は「ある物体が液体に浸かっているとき、その物体が押しのけた体積と同じだけの液体が持つ質量と同じだけの力が、底から上に向かって物体を押し上げる」と主張している。1586年には、ガリレオがたった22歳の若さにして最初に仕上げた論文『小天秤』の中で、アルキメデスの原理を使っ

てヒエロンの王冠の問題を解決する最も単純でわかりやすい方法は何で
あるかを説明した。

　プルタルコスが『マルケルスの生涯』で語るエピソードも、同様に伝
説的に思える。アルキメデスは『平面のつりあいについて』という論文
で「テコの原理」を説明しているが、その後ヒエロン二世に「私に支点
を与えてください。そうすれば、私は世界を持ち上げてみせよう」と言
ったらしい。これに対し僭主が、もっと実用的な一例を自分に見せてく
れるように言ったところ、科学者は滑車システムを作り、テコの原理で
たった1人の男の力で船を持ち上げ、海に置けるようにしたらしいのだ。

　伝説はともかくとして、アルキメデスが有用であるのは明らかだと知
っていたから、マルケルスは彼を生きたまま欲しがったのだ。彼の死に
あたっては、どれもこれもおそらく本当ではないさまざまなものがたり
があるが、アルキメデスは、彼を殺したローマ人兵士に対して忘れられ
ない言葉を残している。例えば、地面に描いておいた「私の図形に気を
つけるんだ」、あるいは彼が取り組んでいた問題について「解けるまで待
ってくれ」。しかし兵士は、気をつけることもなければ、待つこともなか
った。

円を開くと

　アルキメデスは、実用的なものをいくつも発明した。だが、彼自身は
そのことをどう思っていただろうか。プルタルコスは『マルケルスの生
涯』の中で次のように語っている。

　「これらの発明が人間離れした才能を思わせるものであったにもかかわ
らず、アルキメデスはそれらについて、たった1つの書きつけも残して
くれなかった。実際彼は、機械装置も、有用で実入りのよいすべてのこ
とも、卑しく汚らしいと思っていたようだった。彼の本当の興味が向け
られていたのは純粋な研究であり、日常生活の必要性によって俗っぽく
なった研究ではなかったのだ」

　アルキメデスによる純粋な研究の中で最も有名な3つの命題が、論文
『円の計測』に含まれている。

　最初の命題は、「円は、円周と同じ長さの底辺を持ち、半径と同じ高さ
を持つ三角形と等しい面積を持つ」というものである。アルキメデスの

証明は、単純にして天才的であって、彼の並外れた精神を示している。実際、アルキメデスはその証明に、**無限の過程の限界**という全く新しい概念を導入している。それは後に、近代数学の解析学において重要な役割を果たすことになる概念である。

アルキメデスは、ヒポクラテスと同じ図形から出発する。円を等しい櫛形に切り刻み、それぞれの櫛形からふくらんだ丸みを落とすと、1つの正多角形が得られる。その周囲はおおよそ円周に等しく、面積はおおよそ円の面積に等しい。ここまで何ら新しいことはない。

しかしここから、ヒポクラテスとは別の歩みが始まる。アルキメデスは多角形を展開し、1本の線の上にすべての櫛形を置いた。そのようにして、同じ高さを持つ三角形を複数得た。それら三角形の底辺の和は多角形の周囲に等しいが、面積の和、つまり多角形の面積も、同じ高さを持ちその外周を底辺として持つただ1つの三角形の面積に等しいことがわかる。しかしここここまでなら、何ら特別なことはない。

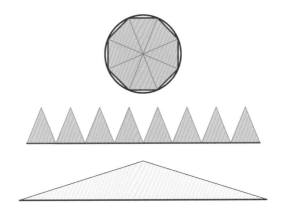

次の点に注目すれば、天才的なひらめきがもたらされる。もし円をどんどん小さなかけらに切っていって、それらのかけらの高さがどんどん半径に近づいていけば、多角形の外周は円周にどんどん近づく。円はこの過程の最終的な「限界」であるので、その面積Aは、先に予告しておいたように、高さとして半径rを持ち、底辺として円周Cを持つ、1つの三角形に等しい。公式化すると、

$$A = \frac{Cr}{2}$$

となる。誤解を避けるために注意すると、これは円の正方形化ではない！　このように円が三角形に変化したのであるから、同じ面積を持つ正方形になる。しかしそれは、定規とコンパスを使うだけでは達成できない。定規とコンパスで作図を繰り返せば、答えに常に近づいていくのは確かであるが、答えに辿りつくことは決してないからである。

食欲は食べながらやってくる[57]

　次にアルキメデスの頭には、円から球にこの結果を応用してみようというアイデアが浮かんだ。これについて彼は、『方法論』で次のように語っている。

　「あらゆる円が、底辺として円周を持ち、高さとして半径を持つような三角形に等しいように、あらゆる球はその表面積と同じ底面を持ち、半径と同じ高さを持つ円錐に等しい」

　問題なのは、球を切り刻むとき三次元的な小片をすべて同じ形に、しかもどんどん小さくさせることができないことである。球を無数の正多面体で切り刻もうとしても、われわれがすでに知っているように、正多面体はたったの5種類しかない。

　しかし先の証明をよくよく考えてみると、次のことに気づく。円を全部同じ形の小片に切り刻めれば確かにすっきりするが、それだけであって、必要なわけではないのだ。仮に、小片がすべて同じ三角形でないとしたら、明らかにそれぞれの高さも同じにはならない。しかしどんどん小さく小片を作り続ければ、すべての高さはいずれ「限界まで」半径に近づき続けるであろう。そしてゆっくりゆっくりと、たとえ不揃いな形ではあるにしても、すべての三角形の高さは前の例と同じように半径に落ち着いてくれるだろう。

　球をすべて同じ形の小片に切り刻むことはできないが、不規則な角錐状の小片に切ることなら可能である。それぞれの角錐からはみ出た曲面部分を切り落とすと、平面上に角錐を並べることができる。そしてまさに円に対しての場合と同じように、「限界まで」角錐の高さは球の半径に近づいていくし、その底面の面積の和は球の表面積に近くなっていくだろう。したがって、「球は、底面として球の表面積を持ち、高さとして球の半径を持つような角錐（あるいは円錐）である」が成り立つ。

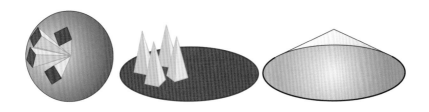

　デモクリトスの定理によれば、角錐（あるいは円錐）の体積は、対応する角柱（あるいは円柱）の体積の3分の1である。したがって球の体積の公式は、

$$V = \frac{Sr}{3}$$（体積Vは表面積S×半径÷3）

となる。これで球の表面積と体積の関係が決定されたので、前者を得れば後者が得られるし、その逆のことも言える。アルキメデスは『方法論』で体積を計算し、『球と円柱』では表面積を計算している。

　われわれは、体積から計算することにしよう。アルキメデスが『方法論』で述べている方法は独創的だ。

　「まず、私は発見したのだが、あらゆる球の体積は、球の大円の面積に等しい底面、球の半径と等しい高さを持つ円錐の4倍の大きさである。
　さらに、私はひらめいた。あらゆる球の表面積は球の大円の面積の4倍の大きさであると」

　公式に書くと、

$$V = 4\frac{Ar}{3}\quad そして\quad S = 4A$$

となる。最初の公式を導くために、アルキメデスはデモクリトスに従い、立体の形を非常に薄い紙でできた本のようにみなした。まず比喩的に説明しよう。中身のわからない2冊が目の前にある。そこで同時にそれぞれの本をめくっていったところ、常に同じ頁で、同じ内容を持つことに気づいた。2冊は同じ本の別の2つの版にすぎなかった。

　次に数学的に説明しよう。アルキメデスは、半球と円柱から円錐を取り去ってできた丼型の立体を比べた。ただし円柱は、半球と同じ底面を持ち、半径と同じ高さを持つとする。アルキメデスは、半球と丼型の立

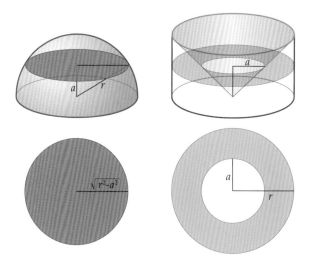

体が同じ体積を持つことに気づいた。というのも、両者の底面を同じ平面に置いて、同じ高さで水平に切断すると、それぞれの断面は常に同じ面積を持つからである。

　実際、aの高さでの半球の断面は単に円であり、その半径は、直角を挟む2辺のうち1つの辺（隣辺）の長さがa、斜辺の長さがrであるような直角三角形のもう1つの隣辺の長さに等しい。一方、丼型の同じ高さの断面はドーナツ型であり、大きいほうの円の半径はr、小さい方の円の半径はaである。

　ヒポクラテスの定理によって、半球の断面（円）の面積はその半径の平方に比例する。ピタゴラスの定理によって、それはr^2からa^2を引いたものに等しい。2つ目のドーナツ型の断面の面積は、大小2つの円の面積の差で表される。1つ目の円はr^2に2つ目はa^2に比例するので、ドーナツ型の断面積もまたr^2からa^2を引いたものに比例する。したがって2つの断面積は等しく、半球の体積を知るには、丼型の体積を計算しさえすればよいことがわかる。円柱の体積はArであり、円錐の体積はそれの3分の1であるので、半球は円柱の3分の2の体積、つまり円錐2個の体積に等しいのである。こうしてアルキメデスが予告した通り、「任意の球の体積は、大円を底面とし、半径を高さとする円錐の体積の4倍に等しい」ことが証明された。

　前に述べたように球の体積は、その球の表面積を底面、半径を高さに

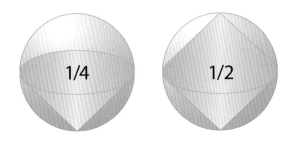

持つ円錐の体積にも等しい。こうしてアルキメデスによって、予告されていたもう一方の結果も得られる。「任意の球の表面積は大円の4倍に等しい」。

墓碑銘となった定理

アルキメデスは、球と円錐の関係を定めた。しかし望むならば、球と円柱の関係に置き換え、新たな公式を導くこともできる。

事実、上の証明は、半球の体積が、大円を底面、半径を高さに持つ円柱の体積の3分の2であることを示している。したがって、「球の体積は、その球を囲む円柱（大円を底面、直径を高さに持つ円柱）の体積の3分の2に等しい」。

球の表面積はその大円の4倍に等しいことから、球を囲む円柱の表面積が、その大円の6倍に等しいこともわかる。この円柱の表面積は、底面が大円の2倍、側面が大円の4倍あるからである。実際その側面は、大円の円周に半径の2倍である高さをかけたものに等しい。他方、円周かける半径は、アルキメデスが円に対して証明したように、円の面積の

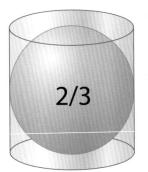

2倍に等しい。したがって、「球の表面積は、その球を囲む円柱の3分の2に等しい」。

この結論が注目に値する理由は2点ある。1点目は、球と円錐または球と円柱の関係が、有理数だけで表現されることである。2点目は、その関係が、体積であれ、表面積であれ、同じ有理数で表現されることである。

アルキメデスは、この成果を墓碑銘に選んだ。おそらく彼はこれを自分の最高傑作であ

るとみなしていたのだろう。彼の墓には、円柱に内接した球が入った図と、2/3という数が刻まれた。2/3は表面積及び体積について、球と円柱の関係を要約する数である。

フィールズ賞のメダルの裏に刻まれた
円柱に内接する球

キケロは『トゥスクルム荘対談集』において、前75年に財務官としてシチリアに勤めていたとき、アルキメデスの墓と石碑がひどい状態にあるのを発見し、修復させたことを語っている。あいにく今日では両方ともに失われてしまっている。しかし、残念がる必要はない。アルキメデスの成果は今も残り、これからも長く続くモニュメントを作っているではないか。

支配圏

　アルキメデスの墓はさておき、古代から球は、建築に最も多用されたモチーフの１つだった。互いに似ても似つかないにもかかわらず、いくつもの文明が、自然で、美的な円蓋として半球を建物に用いている。例えば、古代ローマ人はローマのパンテオン神殿に、ビザンチンの人は現イスタンブールの聖ソフィア聖堂に、アラブ人は、エルサレムのアルアクサ・モスクに、仏教徒たちは、インドのサンチのストゥーパ（仏塔）に、マヤの人は、ユカタン半島のチチェン・イッツァの建造物に半球を用いた。チチェン・イッツァの建造物は、ある種の天文観察に使われたと考えられている。そして現代人は、ハワイのマウナ・ケアにある天文台のように、本当の天文観察に対して半球を用いた。

　次に完全な球の使用例を見てみよう。例えばコスタリカのアグア・ブ

（左）イスタンブールの聖ソフィア聖堂　（右）サンチの大ストゥーパ

（上）コスタリカのアグア・ブエナで彫刻された球
（下）アルナルド・ポモドーロ、《球体を持った球体》、1990年

エナには、前3世紀から7世紀にかけて彫られた何百という球が残されている。イタリアではサン・ピエトロ大聖堂のクーポラ（丸天井）の上にある十字架の下のあたりに1つの球がある。ニューヨークのワールド・トレード・センターの広場に1971年に設置されたフリッツ・ケーニッヒの《ザ・スフィア（球）》は2001年9月11日のテロで生き残り、がれきから掘り起こされた。そして、イタリアの彫刻家アルナルド・ポモドーロは、球の制作を好み、まさに全地球上で数限りない金の球をまき散らした。

　球は絵画にもよく使われる。マウリッツ・エッシャーによる《球面鏡のある静物》（1934年）、《写像球体を持つ手》（1935年）、《3つの球》（1945年）は代表的な例である。エドウィン・アボットの『フラットランド』（1884年）や、マイケル・クライトンの『球体』（1987年）など、球は小説にも登場する。さらに、球は、ジャズ・カルテットのバンド名「スフィア」にもなった。どうしてそのような名がつけられたかと言えば、セカンドネームにスフィアを持つ、アメリカの著名なジャズ・ピアニスト、

（左）フリッツ・ケーニッヒ、《ザ・スフィア》、1971年
（右）マウリッツ・コルネリウス・エッシャー、《写像球体を持つ手》、1935年

セロニアス・モンクにカルテットが敬意を表したからである。

　日常生活のあちこちに球はいくらでも存在する。例えば、子どもたちのビー玉、少年たちのビリヤードの玉にボウリングのボール、占い師の水晶球、車のベアリング球、猟師の薬莢（やっきょう）の鉛の弾丸。そして大砲の弾（たま）、もはや使われなくはなっているが、これもまた球状のものであった。

　ニュートンは『プリンキピア』において、重力の作用のもとで十分な量の物質が１カ所に集まると、自然に球を形成することを証明した。当然のことながら自然は、ニュートンがそのように指摘する前からそうであったし、そのため惑星と星は、ほぼ球体をしているのである。

　地球とその周りは、圏と呼ばれる球に満ちている。およそ内のほうか

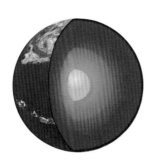

ら外へと向かって、岩石圏、地圏、水圏、磁気圏、大気圏、生物圏、叡智圏がある。最後の叡智圏は、フランスの神学者テイヤール・ド・シャルダンが発明したものであり、生物進化の上に位置する人間の思考の圏域を示している。

　ところで「影響の球」という意味を持つ「支配圏」という表現が最初に使われたのは、1939年モロトフ・リッベントロップ条約（独ソ不可侵条約）の作成時だったらしい。その条約はソビエト連邦と第三帝国［ナチス・ドイツ］とが、バルト海沿岸の国々とポーランド内での将来の国境を定めるものであった。

　最後に、地球と俗世から離れることにしよう。古代の天文学は、透明な同心球、**天球**に基礎を置いていた。天球には、太陽、月、惑星、恒星が固定され、それらの動きは、**アーミラリ天球儀**（下絵）で表された。アーミラリは、「環」という意を持つ。アルキメデス自身が最初のモデルの1つを作ったらしく、今では失われた論文『天球の構造について』にそれが書かれていたと、これまたキケロによって証言されている。

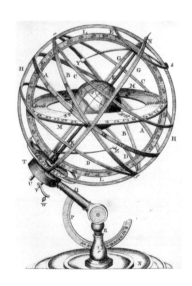

　天球のシステムについては、プトレマイオスの『アルマゲスト』で明確に述べられている。しかし中世を経た後で、西洋で最も流布したテキストは、ヨハネス・ド・サクロボスコという名で知られるハリウッドのジョンの『天球論』であった。13世紀から16世紀にかけて、その数え切れない写本が作られ、さらに1581年にはクリストファー・クラヴィウス

が、『サクロボスコの天球論注解』を彼に捧げた。

　ギリシャ人は、天文学と調和を結びつけて考えていた。彼らは、星の動きが神秘的な、そして明らかに天上的な「天球の音楽」を生み出していると信じていた。その考えはピタゴラス的であるものの、最初にそのことについて言及したのは、いつもの通りプラトンであり、いつもの『ティマイオス』の中であった。さらにプラトン自身は、『国家』の結びで、エルの物語の中に天球を文学的に位置づけた。

　ルネサンスで、天文学は本当の音楽になった。1589年、フェルディナンド・デ・メディチの結婚式のために、音楽サークルである「カメラータ」が演奏した《天球の調和》によって、天文学が管弦楽化されたのであった。今も、天文学は音楽になり続けている。例えば、マイク・オールドフィールドという音楽家は、2008年に「天球の音楽（邦題では天空の音楽）」という題名のアルバムを出している。

　音楽より天上的なものは、神しかいない。ボルヘスは『パスカル』という題の小論で、「歴史は、円錐、立方体、角錐のような神々を記録せずに偶像だけを記録する。他方、球の形は完全であり、神にふさわしい」と所見を述べている。古代ギリシャの哲学者クセノファネスは、たった1人の神を信じ、その神はまさに完全に球の形であった。ついで、彼の弟子と考えられているパルメニデスは、球体を**存在**に置き換えた。

　ボルヘスは小論「パスカルの球体」で、神の性質について「どこにでも中心があり、どこにも表面を持たない」という言葉を紹介している。この詩的な表現の起源は、ヘルメス・トリスメギストス、エンペドクレス、リールのアランなどの24人の哲学者が、神について論じた『24人の哲学者の書』[58]という13世紀の書物に遡る。その後、この表現は、ニコラウス・クザーヌス枢機卿とマイスター・エックハルトからジョルダーノ・ブルーノと、まさにパスカルまでに至る大勢の「思想家」によって、数世紀にわたって使われたのだ。

πの発見

　すでに述べたように、アルキメデス以前、ヒポクラテスは円周Cが半径rに比例すること、そして円の面積Aが半径の平方に比例することを証明していた。さらにユークリッドは、球の表面積Sもまた半径の平方に

比例し、その一方で球の体積Vは半径の3乗に比例することを証明した。公式にすると、

$$C = ar \qquad A = br^2 \qquad S = cr^2 \qquad V = dr^3$$

となる。円の定理と球の定理には、合わせてaからdまで4個の定数が使われている。見たところ、これらは完全に互いに自由に決めてもかまわない定数のはずである。しかしアルキメデスは、「偉大な統一」を成し遂げた。4個の定数を1個にしたのである。

その方法は、ここまでに述べたように、4つの大きさの間に次のような関係があることを確認すれば、理解できる。

$$A = \frac{Cr}{2} \qquad S = 4A \qquad V = \frac{Sr}{3}$$

よって、4個の定数のうち、どれでもいいから1つ選びさえすればよい。なぜなら他の3個の定数は、選んだ定数から導き出されるからである。歴史的には、直径に対する円周の比率（C/2r）が定数として選択された。今日ではπで表されるが、それは「周」を意味する**ペリフェレイア**の頭文字である。つまり、ギリシャ語の「周り」という意のペリと、「運ぶ」という意のフェレインとの合成語である。イタリア語では、「ギリシャ語のp」と呼ばれるが、当然ギリシャ人は単に「p」と呼んでいた[59]。いずれにしても、彼らはπをアルファベットの文字として使うのみであって、円に結びついた数学的な定数として使うことは決してなかった。

記号としてのπの最初の出現は、1647年に遡る。ウィリアム・オイラーが、π / ρ を「円周と直径」の関係を示すのに用いたのである。1697年にはダービッド・グレゴリーが、π / ρ を「円周と半径」の関係に対して用いた。ウィリアム・ジョーンズは1706年に分母をとって、単に「円周」に対してだけπを用いた。レオンハルト・オイラーは、1734年に「円周」に対してρだけを用いた後、1736年にはcを「円周」に対して用いたが、1748年にπに変更した。同じことをクリスチャン・ゴールドバッハもすでに1742年に行っていたが、18世紀の半ばにはその記号は一般的に使われるようになった。

πを使えば、ヒポクラテス、ユークリッド、アルキメデスの公式を、われわれが小学校以来見慣れている形に表せる。

$$C = 2\pi r \qquad A = \pi r^2 \qquad S = 4\pi r^2 \qquad V = \frac{4}{3}\pi r^3$$

　円周を求める公式に2が出てくるのは、πが直径に対する円周の比率を表し、直径が半径の2倍であるという事実による。

　球の体積を求める公式に3が出てくるのは、球の体積が、底面が$4\pi r^2$（球の表面積）で高さがr（半径）である円錐の体積に等しいという事実による。つまり同じ底面、同じ高さを持つ円柱の3分の1である。

　球の表面積の公式にある4は、実際には2×2と見るべき数である。球の表面積は、それに対応する円柱の側面の表面積に等しい。底辺が$2\pi r$（球の中での最大の円）と高さが2r（直径）の円柱である。

　πが、3と4の間の数になるはずであることはすぐにわかる。円に内接する正六角形は半径の6倍の長さの周を持ち、直径の3倍である。そして円に外接する正方形は、直径の4倍の長さの周を持つ。

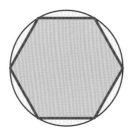 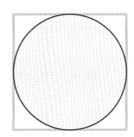

　これ以上先の話は、幾何学よりも解析学に属する。より正確に言えば、無理数を有理数で近似する理論に属するのである。ここでは、アルキメデスの著作『円の計測』を思い起こすだけで十分であろう。そこには、われわれがみな知っているπに対する近似値の中でも最も有名な3.14が示されているが、この値に到達するためにはたったの4辺や6辺の代わりに、96辺の多角形を巻きこんだ長い解析学的な計算が必要である。

坊主の帽子に脱帽

　問題を最後の最後まで探求するアルキメデスの傾向は、『球と円柱について』によく現れている。彼はこの論文において、球の表面積と体積についての成果を一般化し、球を平面で分割して得られる立体の表面積と

体積の関係を明らかにした。

　他方『円錐曲線体と長球について』では、同じ成果を使って、軸の周りに平面図を「回転」させることによって得られる立体の表面積と体積を求める方法を示している。実はユークリッドはすでに、球がこうした立体の１つであることを知っていた。『原論』の定義11の14において、球は「半円を、その直径を軸に回転させることによって得られた立体」として**定義**されているくらいだ。円との類推から、球は「中心から等距離にある表面の中に含まれる立体」とでも定義すればもっと自然であったと思われるが、わざわざユークリッドは半円の回転によって球を定義したのである。

　アルキメデスが論文の中に残している証明を読んでも、彼の頭に一体全体どのようにして答えが浮かんだのだろうと不思議に思うばかりだ。奇術師のように帽子から定理を引き出してくる数学者ジョン・ウォリスも、何らかのトリックがあるに違いないと疑っていた。

> 「アルキメデスは、後世の者たちを強要して、自分の成果に同意させることを望み、あたかも自分の研究のあらゆる痕跡を消すことを心に決め、さらに自分の研究方法の秘訣を隠すことを望んでいたかのように見える」

　1906年にコンスタンティノープルで、エルサレムの聖墳墓教会に由来する古い羊皮紙が見つかった。最も新しく書かれた層の下にもう１つの層があり、それは洗われてあったが、こすり取られてはいなかった。こうしてアルキメデスのすでに知られていた多くの作品が再び日の目を見た。その中には、『円の計測』と『球と円柱について』があった。しかしまだ知られてなかった『機械的な問題に関する方法』と題されたものも含まれていた。

　アルキメデスは、エラトステネスにその書物を送っている。数学者であるエラトステネスについては、もう少し後で述べることにしよう。アルキメデスが序文で前もって打ち明ける以下の内容は、ウォリスの疑問を裏付けている。

> 「力学的方法による証明は真の証明ではない。したがって、後になって幾何学的方法による証明が必要だが、たとえそうであったにせよ、私は力

学的方法で私の定理のうちのいくつかを得た。確かに、何の考えもなしに真の証明を探すよりも、すでに結果が得られた後で見つけるほうが簡単である」

『機械的な問題に関する方法』においてアルキメデスは、自分のいくつかの定理に前もってどのようにして辿りついていたかを示している。しかしその書物の本当の狙いは、立体に関して新たに得られた成果を知らせることにあった。それは**交差円柱**、あるいは垂直的に交差した同じ2本の円柱による共通部分に関する知見であった。

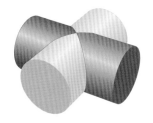

　この形は、ゴシック建築に使われる交差ヴォールト、中国の四角傘、カトリックの僧侶用の帽子、金属管の繋ぎに典型的に見られる。その中で最も強い印象を与えるのが、セントルイス・ランバート国際空港の旅客ターミナルである。それは、ニューヨークのWTCツインタワーの設計者でもある、ミノル・ヤマサキの初期の作品の1つである。

　交差円柱には興味深い性質がある。球を内接させ、立方体を外接させることができるのだ。驚くべきことにアルキメデスは、「交差円柱の体積は外接する立方体の3分の2である」ことも示した。この成果は、5世紀に中国人の祖 沖 之によって再発見される。

セントルイス・ランバート国際空港の旅客ターミナル、ミズーリ州

　アルキメデスは体積のことしか語らなかったが、ドイツ生まれのアメリカの数学者チャールズ・スタインメッツは、1世紀前に「交差円柱の表面積は外接する立方体の3分の2である」ことも発見した。そのため交差円柱は、「スタインメッツの立体」とも呼ばれる。ただしスタインメッツは、アルキメデスのようには、墓の上に立方体の中に「2/3」という書きつけとともに円柱を彫ってもらうことはしなかった。

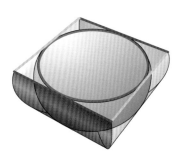

　表面積についての定理の証明は少し複雑であるが、体積についての定理の証明は初歩的である。交差円柱とそれに内接する球、及び外接する立方体について考えよう。このとき交差円柱の軸を含む平面に平行に両方の立体を切ると、下図のように交差円柱の断面として常に正方形が得られ、（内接する）球の断面として正方形に内接する円が得られる。

　正方形の面積とそれに内接する円の面積の比は、常に $4 : \pi$ である。そのことから、交差円柱の体積と球の体積の比も、$4 : \pi$ となる。球の半径を r とすると、その体積は $4/3\ \pi\ r^3$ なので、交差円柱の体積は $16/3\ r^3$ になる。一方、1辺が $2r$ の立方体の体積は $8r^3$ である。ゆえに、2つの立体の比はまさに3分の2になる。

トリノオリンピックの屋内競技場　　　　　　　　ラスカンパナス天文台

サッカーボール

　交差円柱は、4つの櫛形を持つ一種の半球である。櫛形の組み合わせの最小の数が3であることは、トリノの屋内競技場を中から見上げると確認できる。放射状に交差する円柱が多くなるほどに半球に近づいていくが、これこそ天文台の丸天井が作られる方法に他ならない。天文台の天井は、櫛形の形状が特徴的である。

　ボールで遊ぶように使いたいなら、正多面体の角を削ってみればよい。そのために、**半正多面体**について考えてみよう。半正多面体とは、すべての面が正多角形からなる、正多面体以外のものである。

　アルキメデスは半正多面体を体系的に探求した。彼は、次頁の図の2列目と3列目に図示したように、切断をするのに2通りの方法があることに気づいた。

● 切断面は辺を2分することができ、すべての面で同じ辺の数を持つ1つの多角形を再び切り取る。

　— 正四面体から正八面体を再び得ることができる。つまり何も新しいことはない。

　— 立方体と正八面体から、6面の正方形と8面の正三角形からなる**立方八面体**を得ることができる。

　— 正十二面体からと正二十面体から、12面の正五角形と20面の正三角形からなる**二十・十二面体**が得られる。

● 切断面は中点よりも短いところで切ることができる。すべての面において、2倍の数の辺を持つ多角形を切り取る。5個の正多面体それぞれから1種類の頂点を落とした多面体ができる。

　— **切頂正四面体**、4面の正三角形と4面の正六角形

- **切頂立方体**、8面の正三角形と6面の正八角形
- **切頂正八面体**、6面の正方形と、8面の正六角形
- **切頂正十二面体**、20面の正三角形と、12面の正十角形
- **切頂正二十面体**、12面の正五角形と、20面の正六角形

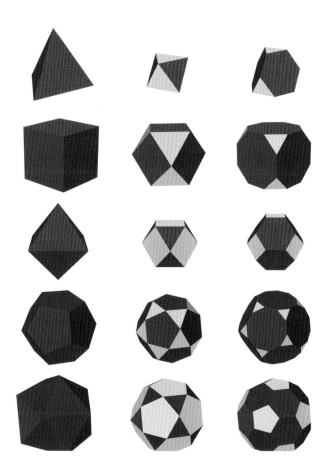

　これらの新しい7個の立体のうち、2個はプラトンによって知られていたが、世界で最もよく知られているのは最後のものであろう。その理由はダ・ヴィンチが1509年にルカ・パチョーリの著書『神聖比例論』のために挿絵として切頂正二十面体を描いたからでもなく、ジョヴァンニ・ダ・ヴェローナによって1520年に描かれたからでもない。そんなことを知らなくても、永久にサッカー場でそれに空気が入れられて、12面の黒い五角形と20面の白い六角形を持つボールとなって転がっていくのが見

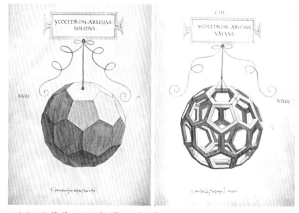
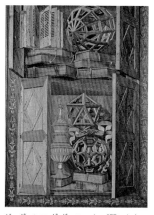

レオナルド・ダ・ヴィンチ、《切頂正二十面体と、同じ切頂正二十面体の空のもの》ルカ・パチョーリ『神聖比例論（黄金比）』のための図案、1509年

ジョヴァンニ・ダ・ヴェローナ、《開いたタンスのあるはめ込み細工》部分、15世紀末

られるからである。プラトンの著書『パイドン』に引用されている「12面の皮のきれでできた」正十二面体のボールと比べてすごい改良である。

　しかし、切頂正二十面体の最もスペクタクルな応用例が得られたのは、1991年である。それは60の炭素原子が1つになった分子（C_{60}）で、切頂正二十面体の各頂点に炭素原子が配置され、頂点を辺が結ぶように、（1重または2重の）化学結合が炭素原子同士を結ぶ。この分子は、ハロルド・クロトーによってある星雲の中から同定され、ロバート・カールとリチャード・スモーリーによって実験室で合成された。

　その新しい分子は「1991年の分子」として科学誌『サイエンス』で選出され、同様の構造を測地学のドーム建設に用いたバックミンスター・フラーにちなんで「バッキーボール」あるいは「フラーレン」と名づけられた[60]。1996年クロトーとカールとスモーリーは、フラーレン発見の功績によってノーベル化学賞を受賞した。

　1999年、ウイーン大学の物理学者アントン・ツァイリンガーは、フラーレンを使って二重スリット実験を行い、フラーレンが干渉縞を生じさせることを確かめた。波動であり粒子でもあるという二重性が、光子や電子などの素粒子のみならず分子のレベルでも適用され、量子力学の基本的な性質である「重ね合わせ」が起こることが証明

サッカーボール型のC_{60}フラーレン

されたのである。

　前に出したリストの最初の2つの新しい立体、立方八面体と二十・十二面体も、とても興味深いものである。何と言っても、切断を加えることによって、さらに新たに4つの半正多面体ができるからである。その中で最も有名な**斜方立方八面体**は、8面の正三角形と18面の正方形を持つ。ヤコポ・デ・バルバリの《数学者フラ・ルカ・パチョーリの肖像》(1495) の中に描かれた斜方立方八面体は、反射、屈折、遠近法の傑作である。立体は実際には空中にひもで吊り下げられているが、透明であり、水が半分つまっている（あるいは半分空になっている）。もっと最近の使用例では、ミンスクのベラルーシ国立図書館がある。

ヤコポ・デ・バルバリ、《数学者フラ・ルカ・パチョーリの肖像》、1495年

ベラルーシ国立図書館、ミンスク

興味深いことに、立方八面体と二十・十二面体は、正多面体の交差によって間接的に得られる。2個の交差として3種類の可能性があるが、それらは**星形立体**の最も単純な例を作り出す。つまり、星形の多角形の3次元バージョンである。実際、星形の多角形の辺が二等辺三角形となるのと同様に、星形の立体は面の上に正多角形の底面を持つ角錐である。

　とりわけ同じ正四面体を互いに交差させ、反対側の面の中心から頂点が出るようにすると、**星形八面体**ができる。つまり、正三角形を反対方向から交差させたダヴィデの星の3次元バージョンになる。そしてちょうどダヴィデの星が六角形の星形であるように、星形八面体は八面体の星形であって、エッシャーによって、《二重小惑星》(1949) に描かれた。

　立方体と正八面体とを交差させると、**星形立方八面体**が得られる。正十二面体と正二十面体を交差させると、**星形二十・十二面体**が得られる。それらは1568年にヴェンツェル・ヤムニッツァーによって彼独特の『規則正しい物体の遠近法』の中に描かれた。1961年にはエッシャーが《4つの正多面体》の中にその両方を結合し、色彩と線描のおかげで同じ1つの図形の中に4つの別々の立体と、そのそれぞれ2つずつが交差し合って見えるようになっている。

　視線が広がるやいなや、パンドラの箱が開くのが見て取れる。正多面体は5種しかなかったが、半正多面体は13種あり、すべてアルキメデスによって研究されていた。13種の双対の多面体は、ウジェーヌ・カタランによって1865年に突き止められていた。正多面体や半正多面体に加え、すべての面が正多角形で構成される多面体を、ノーマン・ジョンソ

ヴェンツェル・ヤムニッツァー、『規則正しい物体の遠近法』の中の星形二十・十二面体、1568年

ヴェネツィアのサンマルコ教会の床面モザイク、13世紀

ンが1966年に全部で92種余すことなくリストアップした。

　星形立体については、1619年にケプラーが新たに2種を突き止めた。1つは**小星形十二面体**で、ヴェネツィアのサンマルコ教会の床面に嵌め込まれている。その下絵を描いたのは15世紀初期の画家パオロ・ウッチェッロである。エッシャーも少なくとも2つの作品、1950年の《秩序とカオス》と1952年の《重力》で小星形十二面体を描いている。また《大きな星形十二面体》は、ローマのサン・ピエトロ大聖堂の聖具室のクーポラの上、十字架のすぐ下にある。1809年にルイ・ポワンソによって突き止められた、さらに2つの星形立体もある。

　正多面体が交差してできる立体の分類には、長い時間がかかった。1976年にジョン・スキリングがやっと75種類に分類したが、作成法則を少しゆるやかにすると、望むだけ作ることが可能である。例えばルーチョ・サッファロは、1975年に手書きで《6個の正十二面体》を、1984年にコンピュータで《100個の正二十面体》を作った。

　ちなみにサッファロは、多かれ少なかれ正多面体に近い多面体を最もたくさん描いた芸術家であると考えられる。特に、彼の《遠近法的論理の小論》(1966)は、意味ありげに「定理」と名づけられた何百という墨のデッサンを集めている。

第9章

円錐コメディー[61]

メナイクモス、アリスタイオス、アポロニウス

　古代人が炎の魅力で引き付けられていたことは、数限りない証拠で裏付けられている。その最も魅力ある証拠の１つに、オリンピアのヘスティアの神殿とローマのウェスタの神殿で燃えていた永遠なる聖火がある。両方とも炉の世話をする任務は、「尼僧」の集団に任されていた。すなわちオリンピアでは未亡人であり、ローマでは処女であった。

　ともに火の伝統は、少なくとも前８世紀に遡る。ギリシャでは、前776年にオリンピアで最初の競技会の催しがあり、その競技会はオリンピックと名乗ることになった。キリスト教によって393年に競技が廃止されるまで、千年以上にわたって４年ごとの開会式には、ゼウスの姉にして妻であるヘラの神殿において一時的な聖火が点けられた。その決まり文句は、次のように唱えられ、今日のオリンピックでも繰り返される。

　「アポロよ、太陽と光の神よ、あなたの光線を送り、聖なるトーチに火を点けたまえ。

　ゼウスよ、地上のすべての民に平和を与えたまえ、そして聖なる競走の勝者に栄冠を与えたまえ」

　他方ローマでは、前715年に選ばれたヌマ・ポンピリウスという王がウェスタの神殿を建設し、ウェスタの巫女たちの制度を作ったという。プルタルコスによって『ヌマ・ポンピリウスの生涯』で報告され、ニュートンによって『世界の仕組み』において再度取りあげられた伝説によれば、神殿の円形は宇宙の球形を表していた。その円の中心の永遠の火は、太陽を表していた。円と火は、アリスタルコスとコペルニクスが文字で記すよりも前に、太陽中心説を表象していたのである。

　月の最初の日はカレンダと言うが、三月の朔日（カレンダ）には、永久

の火は所定の儀式でもって新たに灯されていた。そして新しい炎のゆらめきが、ピカピカのブロンズのパラボラで点けられたが、パラボラはたった一点に太陽の光線を集めるものだった。同じ方法が、オリンピックの火鉢の点火にも使われた。それは古代ギリシャの競技期間にわたって燃えていた。1936年以来、再び古代のヘラの神殿で松明（たいまつ）に火が点けられるようになり、聖火はオリンピアから競技の開催地までリレーされる。

フォロ・ロマーノの「ウェスタの神殿」、ローマ

デロスへの帰還 [62]

　上に挙げた2つの伝承が本当だとすれば、放物線（パラボラ）とその焦点の特性も、随分早くに発見されていたに違いない。いずれにせよその発見が、前350年頃以降でないのは確かである。その頃には、メナイクモス某という者が放物線と焦点を使って立方体倍積問題を解いていた。放物線は定規とコンパスによっては描けないことから、メナイクモスの行為は、当然プラトンを否定するものであったけれども。

　立方体倍積問題は、2本の放物線を用いるか、1本の放物線と1本の双曲線を用いて解決される。メナイクモスは、後者の方法をとったことが知られている。彼は両方の曲線を知っていたのだ。それらの曲線は理論的に考えて得られるだけでなく、定規とコンパスで描いた図形を使えば近いものが得られたので、かなり自然であった。

　例えば**放物線**は、横軸の上に正方形の倍積問題の連続的な解を1列に置き、縦軸に当間隔にある平行線と交わらせることによって得られる。

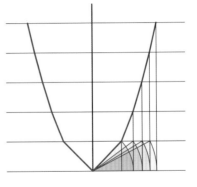

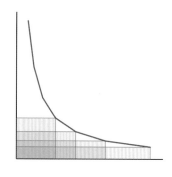

それに対し**双曲線**は、正方形を同じ面積を持つ長方形に置き換えるときに得られる。例えば底辺が2倍ならば、高さは半分になる。あるいは底辺が3倍になれば、高さは3分の1になる。以下同様である。

立方体倍積問題の解決には、任意の正方形から始まって作られる放物線と、2倍の面積を持つ正方形から始められる双曲線を交差させることによって到達できる。われわれが慣れている代数学の用語を使うと、これは幾何学的に次の方程式を解くことに等しい。

$$X^2 = \frac{2}{X} \qquad \text{つまり、まさに} \qquad X^3 = 2$$

同様の方法で、角の3等分の問題や、正七角形作図の問題にも取り組むことができる。それらは、ともに3次方程式の解に帰することができる。前者はメナイクモスから1世紀経ってアポロニウスによって、後者は1000年頃にアブー・サフルによって解かれた。しかしこのような方法では、円を等積の正方形にすることができない。というのも、その問題は、何次方程式であろうと代数学的には解けないものだからである。

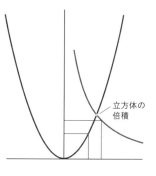

立方体の倍積

気取った切り方[63]、円錐曲線

放物線と双曲線の研究から、メナイクモスは予期しなかったことに気づいた。曲線は両方とも、互いに全く異なる方法でもって決定されるにもかかわらず、共通の様相を持っていたのである。ともに円錐の側面に対して、垂直に円錐を切断することによって得られたのだった。

正確に述べると、放物線は直角の円錐から得られたので、「**直角円錐の断面**」という名前がつけられたのだ。他方、双曲線は鈍角の円錐から得られたので、「**鈍角円錐の断面**」という名前がつけられた。それら以外に

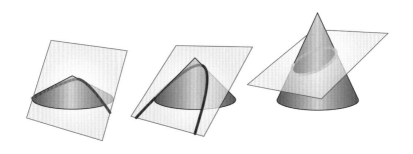

も鋭角の円錐も存在するというわけで、メナイクモスは垂直な断面を、**「鋭角円錐の断面」**と名づけた。すなわち、３種の曲線が、切断される円錐の種類にしたがって得られたのである。

　かくしてメナイクモスは、鋭角円錐の断面として**楕円**を発見することになった。楕円は多角形と円についでよく知られ、多方面で使われる図形の１つである。非常におなじみなので、ヘネシーのコニャック「エリプス（楕円）」のボトルになったほどだ。そして非常に多方面で使われるので、飛行機の翼としてさえも役目を果たすほどなのだ。

　楕円が使われた建築の最も古い例の１つは、コロッセオである。これまたローマのものであるが、17世紀にベルニーニは４つの円弧を使ってほぼ楕円に近いサン・ピエトロ広場を描いた。ワシントンの都市計画者たちは、ホワイトハウスの円状の芝地と接する巨大な芝地である「ザ・エリプス」に対して同じ方法で楕円を描いた。アメリカ合衆国の国会議事堂であるキャピトルのクーポラもまた楕円状の垂直的な切断面を持っていて、ロンドンのセント・ポール大聖堂の断面と同様である。それに対して、北イタリア、モンドヴィのヴィコフォルテ聖堂のクーポラは水

ローマのサン・ピエトロ広場

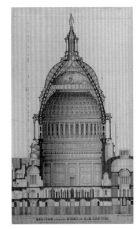
ワシントンDCのキャピトルの断面図

モンドヴィのヴィコフォルテ聖堂

平的な楕円形切断面を持ち、そのたぐいの最も大きなものである。

　他方、放物線は、建築の世界でそう簡単にはお目にかかれない。その最も典型的な適用例は、サンフランシスコのゴールデンゲート・ブリッジやブリッスルのクリフトン橋のように、張力のある吊り橋に見られる。

　それに対して張力のない吊り橋は、放物線によく似た曲線になるが、ほんの少し異なっている。それは懸垂曲線と呼ばれるが、鎖（カテーナ）が両端から、だらっとぶら下がっているような形からその名前がついた。アントニ・ガウディは、バルセロナのサグラダ・ファミリア教会の設計で懸垂曲線を見えない形で一貫的に使用した。最も劇的でよくわかるその例は、ミズーリ州のセントルイスの西の門の役目を果たしているゲートウェイ・アーチである。

（上段左）ゴールデンゲート・ブリッジ、サンフランシスコ
（上段右）ゲートウェイ・アーチ、ミズーリ州のセントルイス
（下段左）サグラダ・ファミリアの設計のためにアントニ・ガウディが模型として使った懸垂曲線
（下段右）サグラダ・ファミリア、バルセロナ

照準をさだめて

　メナイクモスの発見は放物線、双曲線、楕円が、1つの族に属することを明らかにした。当然ながら、それらの曲線は**円錐曲線**と名づけられた。円錐曲線は、いわゆる**立体の軌跡**の典型例である。なぜならそれらは、二次元的曲線でありながら、三次元的立体を通して生み出されるからである。

　ここまで来れば、円錐曲線がなぜ、立方体の倍積のような、まさしく立体的な問題に解決をもたらしたのかがわかるだろう。さらに円錐曲線は、角の3等分や正七角形のように、定規とコンパスでは作図の困難な

図形も、内在的に「立体的な」、あるいは今日ならば「三次元的な」ものとして考える手がかりも与えてくれた。こうした作図問題は、一見したところ平面の問題だが、実は立体の軌跡を使って初めて解決可能な問題なのだ。

いずれにしても放物線、双曲線、楕円は、確かに平面的曲線であり、平面上に描かれなければならなかった。その驚くべき方法は、アリスタイオスによって発見された。彼は前350年から前300年頃にかけて生きたが、要するにメナイクモスの後に生まれ、ユークリッドの前に死んだ。失われてしまった論考『立体の軌跡』において、アリスタイオスは「放物線はある１つの点Ｆと１本の直線Ｌから等距離にある点の軌跡である」と気づいたのだ。

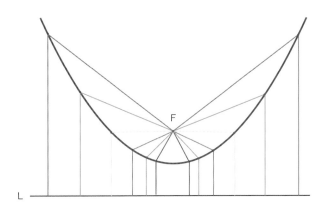

逆に、放物線上の任意の点と直線Ｌを、直線Ｌに対して垂直な線分で結び、その線分の長さと等しく放物線上の点を端点とする線分がすべて１つの点Ｆに集まること、及びこのとき放物線から直線Ｌへの線分はすべて平行であることから、アリスタイオスは、放物面鏡（放物線を点Ｆから直線Ｌへの垂線を軸として回転させてできる放物面の鏡）は２つの特性を持っていることを発見した。１つの特性は、太陽の平行光線をすべてその唯一の点に集めることであり、そのため、その点を後にケプラーは著作『レンズ』（1604）において**焦点**と名づけた。もう一方の特性は、焦点に光源を置くと、光がその唯一の直線Ｌに対して垂直にすべての光を方向づけ、光と熱を散逸させないので、その直線Ｌは**準線**（方向づけるもの）と名づけられた。

ディオクレスが、太陽の光線を集める鏡に関する最初の論考『天日取り鏡について』を書いたのは、メナイクモスの死から約100年後である。しかしそうした鏡の発見は、まさにメナイクモスの時代にまで遡る。鏡はすぐさま実用化され、世界の七不思議の１つアレクサンドリアの大灯台が建設された。その灯台の光は、50キロ先の距離まで届いたという。前述したように、天日取り鏡によって集められた太陽光線はオリンピックの聖火の点火に用いられた。

　1668年にニュートンは、「反射望遠鏡」を作るために放物面鏡を作った。それはガリレオが考案した屈折望遠鏡を使う際に見られた色収差（色のにじみ）の欠点を克服し、天文学の歴史を変えた。今日では放物面は、自動車のライトからテレビのアンテナに至るまであらゆるところで使われている。テレビのアンテナはまさに単に「パラボラ（放物線）」と呼ばれるようになった。

　アリスタイオスの話に戻ろう。なぜなら、まだ驚くべき話が残っているのだから。焦点と準線により、放物線だけでなく他のすべての円錐曲線を、統一的に決定することが可能になるのだ。

● 焦点からの距離に対する、準線からの距離の比が１、すなわち「等しい」点の集まりは、放物線を構成する。
● 焦点からの距離に対する、準線からの距離の比が１よりも「大きい」点の集まりは、双曲線を構成する。
● 焦点からの距離に対する、準線からの距離の比が０よりも大きく１よりも「小さい」点の集まりは、楕円を構成する。

　当然のことながら、比が１になるような場合は１つしかなく、１よりも大きかったり小さかったりする場合は無限にある。そのことから、実質的にたった「１つ」の放物線しかないのに対し、双曲線と楕円は「無限」にあることになる。さらには、放物線が一方では双曲線の族、もう一方では楕円の族を分岐する境目になる。

　言い換えれば、すべての放物線は同じ形をしており、異なるのは焦点と準線からの距離で決定されるスケールだけである。それに対して双曲

線と楕円は、焦点と準線からの距離の比率にしたがってさまざまな形があり得る。

　この比率は、**離心率**と呼ばれる。0に次第に近づくと、楕円は変形して円に近づいていく。逆に離心率が無限大に近づくほどに、双曲線は開いていって直線に近づいていく。そしてどちらの場合でも、離心率が1に近づくにしたがって、双曲線であろうと楕円であろうと、常に放物線に近づいていくのである。

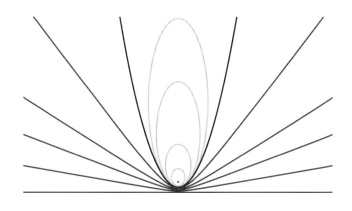

放物線の正方形化（求積）

　その多才さぶりを考えれば、アルキメデスが円錐曲線も研究していたとしても驚くにあたらない。アルキメデスは著作『方法論』において、放物線と直線によって囲まれる面積の求め方について述べている。興味深いことに、それは「機械的方法」だった。

　別の著作『放物線の求積法』にも、「機械的方法」が紹介されている。それは単純にして天才的な方法である。アルキメデスは、放物線を正方形（1辺の長さを1とする）で囲み、放物線で区切られる正方形の下の図形と、同じ大きさの正方形を半分にして得られる三角形を、次頁左図のように並べて比較した。そしてそれぞれの「重さ」を、天秤で「測った」のである。ただし天秤の支点は、2つの図形の中心に置いた。

　アルキメデスは、放物線であろうと三角形であろうと、真っ直ぐな棒を集めて構成できると考えた。長さに比例する「重さ」を持った棒である。支点からの任意の距離の位置に吊るされた、2本の棒の「重さ」に

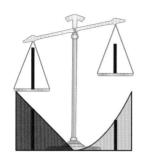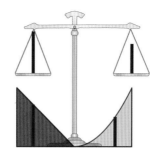

注目しよう。支点からの距離がXであるとき、三角形を構成する棒の長さはXであり、その「重さ」はXに比例する。放物線を構成する棒の長さはX²であり、その「重さ」はX²に比例する。したがって、天秤は釣り合わない。しかし、右図のように、三角形を構成する棒をもとの場所に固定し、放物線を構成する棒を正方形の右端にまで持ってくれば、その２つの棒の重さは釣り合い平衡が保たれる。この釣り合いを代数学的な数式で表すと単にX×X=X²×1となる。

　したがって放物線を構成する棒をすべて正方形の右端に寄せ、すなわち支点から距離が1のところで放物線の「重さ」を支えた場合、三角形を構成する棒はすべて動かさず、もとの場所のままで支えれば、天秤は釣り合うことになる。あるいは三角形の**重心**の場所で、三角形全体の重さを支えても釣り合う。多くのヨーロッパ言語で**重心**という名が、「重さ」という意味のギリシャ語のバリオンと「中心」という語で構成されているのはこの性質があるからだ。

　さて、三角形の面積は正方形の２分の１であり、三角形全体の「重さ」は２分の１に比例する。一方後で見るように、二等辺直角三角形の重心は、支点から見て正方形の辺の３分の２のところにある。したがって三角形全体の「重さ」を支点からの距離が３分の２のところで支えれば、放物線を構成する棒をすべて支点からの距離が1のところに集めて支えたときに天秤は釣り合う。こうして放物線の「重さ」が、正方形の３分の１であることがわかる。

　しかしわれわれにとって興味があるのは、放物線の「上の」面積である。放物線の「下の」面積の重さは正方形の面積の重さの３分の１なので、放物線の「上の」面積の重さは正方形の面積の３分の２の重さを持つことになる。したがって放物線全体を考慮に入れるならば、「放物線に

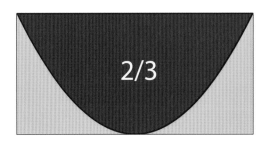

2/3

切り取られる部分は、それに相当する長方形の3分の2の面積である」。こんなふうにしてまたもや、2/3という魅惑的で「お墓に刻むための」数字が出現する。そしてアルキメデスは、曲線（放物線）の図形の面積を直線の図形（長方形）の面積に置き換えることによって、放物線の正方形化に成功したのだった。

その証明の方法は、球の体積を求めるときにすでに説明した方法に似ていることがわかる。しかし、もっと複雑ではある。というのもこの場合、三角形の重心を知らなければならないからだ。アルキメデスは『平面の釣り合いについて』という著書の中で、考えられる限り、つまり彼の頭に浮かび得る図形の重心の計算をした。例えば平行四辺形、三角形、台形、放物線に切り取られる部分などである。

幸いにも、三角形に対する重心の計算は、かなり単純なものである。それは2つの観察から推論される。

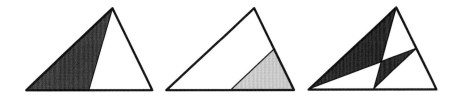

●「三角形の重心はすべての中線の上にある」
それぞれの中線は三角形を等しい面積を持つ2つの小三角形に分ける。なぜなら、それらの小三角形の高さはもとの三角形と同じであり、その底辺の長さがもとの三角形の底辺の長さの半分になるからである。

● 「三角形の重心はすべての中線をその長さの2/3に切る」

　まず、2辺上の中点を結んで分けられた小三角形は、もとの三角形に相似である。そして、小三角形の各辺の長さはそれぞれ、もとの三角形の各辺の長さの半分である。

　さらに2本の中線によって作られる小三角形は、互いに相似である。そして小さい底辺の長さは、大きい底辺の長さの半分であるから、他のすべての辺も同じ比率になる。したがって重心は、中線を2対1に分ける、言い換えれば2/3に分けることがわかる。

　『円錐状体と球状体について』という論文において、アルキメデスは長半径aと短半径bを持つ「楕円の面積」を計算した。今度は、すでに何回かわれわれが使った汚いトリックを再び使うことができる。楕円は、a対bという比率に押しつぶされた円に他ならない。そこで同じ比率ですべてが1つの方向に縮小し、もう一方の方向にはもとのままであることに注目するのである。したがって、楕円の面積Aは、

$$A = \pi ab$$

であり、aとbが互いに等しく、半径に等しい場合には、円の面積になってしまう。

　ところで、これと同様に考えてしまうかもしれないが、楕円の周長Cは、円周の類推からは得られない。とりわけ次のような公式には、全く当てはまらない。

$$C = \pi (a+b)$$

　これは、近似値ではある。しかし、楕円の周長の正確な値は、どんな方法を使っても簡単には得られない。18世紀になってやっと**楕円積分**の理論が発展し、楕円の周長問題を扱えるようになったくらいだ。

　双曲線の面積もまた、簡単には得られない。たとえ、楕円の周長ほど複雑ではないにしても。こちらもまた、その解決策が得られたのは、17世紀に解析学において**対数**の理論が発展してからである。

　以上のように、アルキメデスは彼の時代に解くことができる問題に向き合い、刈り入れにはまだ十分成熟していない問題を留保したのである。彼の嗅覚に敬意を表そう。なぜなら、これもまた天才の印であるのだから。

名づけ親のアポロニウス

　円錐曲線についての多くの成果がユークリッド以前に得られていたにもかかわらず、彼は『原論』の中で何も言及していない。実際にはユークリッドは円錐曲線について、『円錐曲線論』と題された独立した書物で論じたが、今日では失われている。しかし当然、その書物が、それ以後に証明された結果を含むことはあり得なかった。

　したがってわれわれが引用する古代のテキストは、ユークリッドのものではなく、その後の時代のアポロニウスのものである。アポロニウスは前250年から前200年にかけて生きた数学者で、ほとんど何も知られていないが、オリュンポスの時代のたくさんのアポロニウスと混同されてはならない。ちなみにゴルゴタの時代にも、多くのクリスティアーノやジェズアルドという名前が登場し、同様に紛らわしい[64]。

　偉大なる幾何学者という通称以外で、彼について伝えられるのは、その作品だけである。その主要な作品は、『円錐曲線論』についての387の命題と8巻からなる。最初の4巻は、ユークリッドの同名の書物に基づいて書かれている。一種の「目には目を」と言うべきか、それとも「何か悪いことをすれば同じことをされると思いなさい[65]」と言うべきか。ユークリッドは『原論』の最初の4巻を、ヒポクラテスの同名の書物を真似したのであるから。

　すでに述べたように楕円、放物線、双曲線はそれぞれ、鋭角円錐、直角円錐、鈍角円錐を、その側面に垂直に切断すれば得られる。アポロニウスは、その方法以外にも円錐曲線を得る方法があることに気づいた。いかなる円錐の、いかなる切断面からも円錐曲線が得られるのである。どんな円錐曲線が得られるかは、円錐の側面に対するその円錐の頂点を通らない切断面の傾きによって変わる。

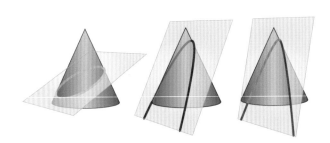

- ●側面より傾きが小さいとき…**楕円**
- ●側面に平行であるとき…**放物線**
- ●側面より傾きが大きいとき…**双曲線**

　このことは簡単に確かめられる。壁の上にさまざまな傾きを持たせながら懐中電灯を押し当てて、円錐状の光の束から作られる図形を観察すればよい。あるいは、ランプの傘やテーブルのランプによって作り出された壁と天井の上に作られた影を観察すればよい。

　この発見後、アポロニウスは円錐曲線[66]を洗礼し直し、今日でも使用されている名前を与えた。円錐の「そばに引っ張った」平面、つまり円錐の側面に平行な平面で切断することで得られる曲線を「放物線^{パラボラ}」と名づけた。というのもギリシャ語のパラは「そばに」、バレインは「引っ張る」を表すからだ。「向こうに引っ張られた」平面によって得られる曲線は「双曲線^{イペルボレ}」と名づけられた。というのも「向こうに」は、ギリシャ語でhyperだからだ。最後に「楕円（ellisse）」は、ギリシャ語の「省く」や「欠ける」の意を含んで名づけられている。

　興味深いことに示唆に富むこれらの名称は、幾何学図形だけでなく、レトリック形にも取り入れられた。放物線は直接的な道に対し平行して走る間接的な道、すなわちたとえ話を通して本当の意味（全般に道徳的な意味）を推察させる言葉となった[67]。双曲線は、過剰さや誇張により主張の意図を伝える言葉となった。楕円（ellisse）から派生した語ellissiは、主張の1部を除去したり省略したりする言葉となった。

　アポロニウスの方法は、**円**も円錐曲線の1つとして捉えることを可能にした。円は特別な楕円であり、円錐の底面に水平な、円錐の軸には垂直な切断面によって作られる。一方、他の「退化した」円錐曲線も得られる。円錐の側面に対する円錐の頂点を通る切断面の傾きによって、次のような幾何学的な対象が得られる。

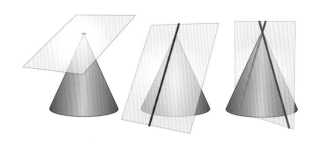

- ●側面より傾きが小さいとき…**点**
- ●側面に平行であれば…**直線**
- ●側面より傾きが大きいとき…**交差する一対の直線**

　さらにアポロニウスは気づいたのだが、円錐曲線は円錐だけではなく円柱を切断しても得られるのである。この場合、切断面は次のものを作り出す。

- ●側面に平行でないとき…**楕円**
- ●側面に接するとき…**直線**
- ●側面に平行ではあるが接しないとき…**一対の平行線**

　円柱形のサラミの切り身を観察すれば、このことは簡単に確認できる。あるいは円柱形のコップに入った液体の表面を、鉛直線に比べて多少傾けてみればよい。料理にはさほど関係ないが、コペンハーゲンにあるティコ・ブラーエ・プラネタリウムの形を眺めてみてもよい。

ティコ・ブラーエ・プラネタリウム、コペンハーゲン

痛くもかゆくもない漸近線[68]

　よくよく考えてみると、円柱を切断して円錐曲線が得られても、驚くにあたらない。なぜなら、とどのつまり円柱は、「頂点が無限大のところにある円錐」に他ならないからである。

　逆に円錐は、２つの円錐を組み合わせた「くびれた円柱」とみなせる。２つの円錐をそれぞれの頂点で対称に接するように配置させたのが、くびれた円柱である。こうして「双曲線が離れた２つの部分で形成される」こともわかる。

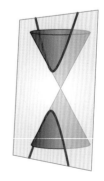

　さらに「双曲線は交差する一対の直線の内側にあり、その直線に２方向に常に近づいていくが、触れることは決してない（次頁左図）」こともわかる。それら２つの直線は、明らかに円錐

の頂点から出発して側面に沿って伸びた直線（母線）が、切断面に写し出された像である。この2直線は漸近線と呼ばれるが、「〜と触れないもの」を意味する言葉から作られた。

　円錐の頂点の角度（円錐を軸を含む平面で切断したときにできる二等辺三角形の頂角）が直角の場合、2本の漸近線は直角に交わる。その双曲線は**直角双曲線**または**等辺双曲線**と呼ばれ、円を特定の方向に拡大したり縮小したりすることで楕円ができるように、直角双曲線を変形すればすべての双曲線が得られる。楕円に対するのと類似の関係を成立させる。詳しく言えば、すべての直角双曲線（右図）は離心率が $\sqrt{2}$ になり、すべての円は離心率が0になる。

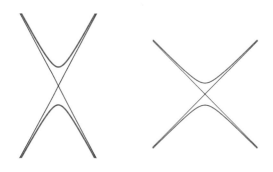

火と焦点と[69]

　双曲線は、2本の対となる枝を持つ。そのことは、すべに述べたように、焦点と準線を用いれば推論できる。ある点から焦点との距離及び準線との距離との比、すなわち離心率が一定で1より大きいとき、その点は双曲線を描く。このとき同じ離心率を持つもう1点が準線に対して反対側にもあり、その点がまた双曲線を描く。その2点は、それぞれ同じ双曲線の2本の枝の上にある。

　離心率が1より小さい任意の点があるとき、同じ離心率を持つもう1点が焦点に対して反対側にある。この場合にも、その2点はそれぞれ同じ楕円の2本の枝の上にある。しかし双曲線とは異なり、楕円の2本の枝は、離れるどころか互いにぴったりくっついて閉じた図形を構成する（次頁左図）。

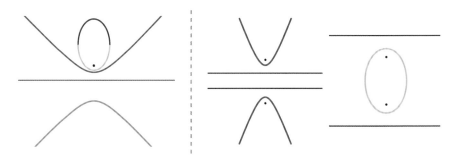

双曲線の2本の枝は、ちょうど楕円の枝と同じように互いに対称的である。このことから双曲線も楕円も、もともとの焦点と準線に対して対称的であるような、また別の焦点と準線を用いても作図できるのである（右図）。

アポロニウスは、2通りある楕円の作図の仕方を比較した。彼が気づいたのは、楕円上の点と片方の準線との距離、及びもう片方の準線との距離の和が一定であること、さらにその距離が常に片方の準線からもう片方の準線への距離に等しいことである。

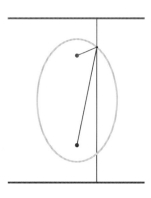

一方、2本の準線から楕円上の点への距離はそれぞれ、2つの焦点からその点への距離に比例している。なぜなら、離心率が一定だからである。こうして「楕円上の点から2つの焦点への距離の和は一定である」ことがわかる。したがって長軸の長さに等しいひもの両端を焦点に留め、ペンを紐に引っかけぴんと張ったままペンを動かせば、楕円を作図することができる（左図上）。

楕円上の任意の点で接線を引いたとき、その接点と2つの焦点を結んだ2本の線分と接線がなす角は等しい。したがって**楕円鏡**（周囲が鏡でできた楕円形の箱）においては、光にしろ熱にしろ、片方の焦点を源にすると、周囲の鏡で反射して、もう一方の焦点に集まる（左図下）。

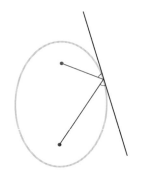

同じことが音波についても言える。いわゆる楕円形の「ささやきの部屋」の中では、

片方の焦点で話す声が、もう一方の焦点で聞こえてしまう。歴史上の例を挙げると、ワシントンの国会議事堂で、かつて下院の議場であった「彫像の間」がある。後に大統領となったジョン・クィンシー・アダムズは、片方の焦点の辺りの会話を立ち聞きするために、もう一方の焦点に自分の机を置かせたと言われる。

楕円の2通りの作図と同様に、双曲線についても2通りの作図の仕方がある。今度は、一定で常に同じ値に保たれるのは、2つの準線から同じ点に対する距離の**差**である。その差は、片方の準線からもう片方の準線への距離に等しい。一方、2本の準線から同じ点に対する距離は、2つの焦点からの距離にそれぞれ比例する。なぜなら、この場合も、離心率は一定だからである。したがって、「2つの焦点に対し、双曲線上の点の距離の差は一定である」(右図)。

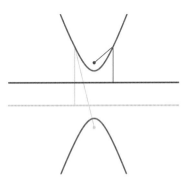

このように楕円と双曲線は、準線を用いずに、2つの焦点を用いれば作図することができる。ところが、焦点も1つだけ準線も1本だけしかない放物線に対して、この方法は適用できない。しかし、ケプラーの『光学』が1604年に教えてくれたように、放物線は、楕円と双曲線それぞれの極限、すなわち焦点の片方が無限大に離された状態であると考えることができる。

2つの焦点を一致させると、楕円は真円に、双曲線は直線になる。逆に、円は焦点が中心と一致し、焦点からの距離の和が半径の2倍となる点の軌跡として描かれる楕円の一種とみなせる。直線は、2つの枝の間の距離が0の双曲線の一種とみなすことができる。

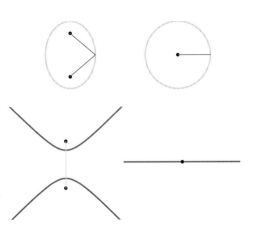

円錐コメディーのフィナーレ

　円錐曲線には、さまざまな応用があるが、17世紀に力学分野に現れた例ほど劇的なものはない。円錐曲線の発見から2000年後、放物線と楕円は同時に新しい科学の分野で栄冠を勝ちとったのだ。

　1609年、ガリレオは、アントニオ・デ・メディチに宛てた手紙の中で弾道の法則について述べた。その法則から弾丸の軌跡が**放物線状**であることが引き出される。弾道の法則は近似的に成り立ち、地面は平たく、重力加速度は一定だと想定したときのみ有効だが十分に実用的である。噴水から、ボールのはねかた、水上でのイルカのジャンプに至るまで、無数の現象がこの法則によって説明される。

　一方、これまた1609年にケプラーが『新天文学』において、太陽の周りの惑星の動きを規定する２つの法則を発表した。第１の法則は、惑星運動の軌跡がコペルニクスが想定していたような太陽を中心とする円軌道ではなく、むしろ太陽が片方の焦点にあるような**楕円軌道**であるとした。

　２人の巨人の肩に乗って、1687年にニュートンは『プリンキピア』を著した。彼の偉大な成果の１つは、物体が円錐曲線の軌道上を動くために必要な力として、物体間の距離の二乗に反比例する「重力」を導入したことである。逆にそのような力は、円錐曲線の軌道を生み出す。したがって楕円だけでなく、場合によっては放物線や双曲線の軌道もあり得るのである。

　「弾丸」の弾道はそれが発射されたときの初速によることを、ニュートン力学は示す。初速が小さいならば、弾道は楕円の弧を描く。その初速がより大きいならば、弾道は閉じて、弾丸は楕円軌道に乗る。もし、ちょ

うど脱出速度に達すると、弾道は放物線を描き、弾丸は失われる。より大きな初速を与えると、弾道は双曲線を描いて、やはり弾丸は失われる。

　弾丸の弾道がさかさまになったとき、何が起こるだろうか。例えば飛行機が飛んでいる途中でエンジンを切ると、楕円軌道（ほぼ放物線軌道）を描いて自由落下し始めるが、軌道の詳細はそれまで動いていた速度と方向によって変わる。このとき機内では、重力の影響が軽減される。その効果は、例えばNASAのヴォミット・コメット（嘔吐彗星）によって活用されている[70]。将来の宇宙空間での使命に備え、宇宙飛行士たちが無重力状態での訓練をするためだ。

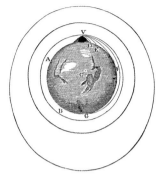

アイザック・ニュートン、『プリンキピア』の中の弾丸の弾道、1687年

　楕円軌道を描く天体運動として典型的なのは、小さな質量を持つ天体が、大きな質量を持つ支配的な天体の周りを運動するケース例である。例えば、太陽の周りの「惑星」や、惑星の周りの「衛星」の運動である。それに対して、2つの天体の質量の差が小さい場合、両者は互いの重心の周りに楕円軌道を描いて動く。

　周期的に戻ってくる「彗星」もまた楕円軌道上を運動し、軌道が長くなるほどに、周期も長くなる。それに対して、戻ってこない彗星は放物線軌道上、あるいはほぼそれに近い軌道上を動く。太陽系においては、完全に放物線軌道を持つ彗星は、理論上は可能であるにもかかわらずま

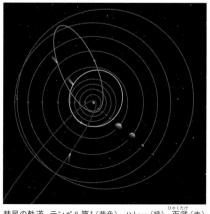

彗星の軌道、テンペル第1（黄色）、ハレー（緑）、百武(ひゃくたけ)（赤）

だ発見されていない。

　しかしそういう彗星が見つからなくても、円錐曲線の軌道上を運動する物体の実例が欲しければ、電気を帯びた粒子の動きを見るだけで十分である。クーロンの法則によれば、ちょうど重力と同じように、粒子間に互いの距離の2乗に反比例する力が働くので、反対の電荷を持つ2つの自由粒子は、天体と同じ軌道を生み出す。

　それに対して、アーネスト・ラザフォードによる1911年の実験が示したように、静止させられた荷電粒子に対してもう一方の荷電粒子が発射されると、後者の荷電粒子は方向を変えるが、速さは変えずに双曲線の軌道を辿る。2個の粒子の電荷が互いに反対である場合、それぞれの粒子は引き合い、一方の粒子は、内側の焦点に静止しているもう一方の粒子の裏を通る双曲線の枝を辿る。2個の粒子の電荷が同じである場合には、それぞれの粒子は反発し合い、外側の焦点に静止しているもう一方の粒子の前を通る双曲線の枝を辿る。

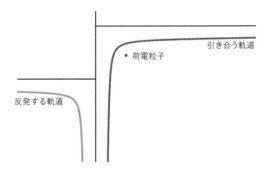

引き合う軌道

・荷電粒子

反発する軌道

　重力と電磁気力のように、物体間の距離の2乗に反比例する力だけが、楕円軌道を生み出せるわけではない。ニュートンが『プリンキピア』で強調したように、楕円軌道は距離に正比例する力に対しても生じる。例えば、バネにぶら下げられ、ある1点の周りを動く物体に働く力、あるいは平面上だけでなく、空間の中を動く振り子に働く力がある。どちらの場合にしても楕円軌道が得られるが、力の中心は、1つの焦点にではなく楕円の中心にある。

第 **10** 章

地球の幾何学

エラトステネス、メネラオス

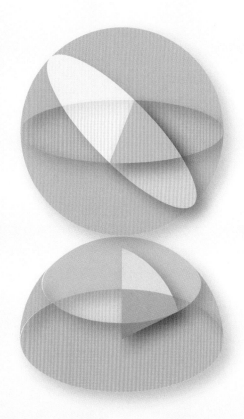

1519年８月10日に５隻のスペインの船が、ポルトガル人フェルディナンド・マゼラン（フェルナン・デ・マガリャンイス）の指揮のもとに、セビリアのグアダルキビール川から出航した。数週間、河口のサンルーカル・デ・バラメーダの港に停泊した後、９月20日に艦隊は沖に出た。旅の目的は、ポルトガル人によってすでに拓かれていたアフリカ回りの航路と利害がぶつからないような、南アメリカ経由の香料の道の探索であった。

新年には、艦隊はリオ・デ・ジャネイロに到着していたが、1502年１月１日のガスパル・デ・レモスによる、かの地の発見からちょうど18年が経っていた。まさにこのことにちなんで、１月（ジャネイロ）の川（リオ）という意味であるリオ・デ・ジャネイロという名がついた。1520年４月１日には、艦隊の２隻が反乱を起こしたが、失敗に終わった。２人の船長と謀反者たちはサン・フリアンの海岸で処刑され串差しにされた。半世紀後の1578年に、残骸を発見したフランシス・ドレイクは、自分の謀反者たちの死骸をその横に並べたのだった。

1520年11月１日に、マゼランはその日を記念して万聖節海峡と名づけた海峡を通ったが[71]、そこは今日では彼の名前をとってマゼラン海峡と呼ばれている。太平洋に入った初めての西洋人のマゼランが、「平和な海」を意味する太平洋と名づけたのは、そこがその日のようにいつも穏やかであると信じていたからだ。1521年３月16日に艦隊はすでに２隻と乗組員の３分の１を失っていたが、フィリピンに着いた。４月27日にマゼランは、貧窮者たちを無理やりキリスト教徒に改宗するのに失敗して、殺された。マゼランの死体の引き渡しは彼らに拒否され、そのまま失われてしまった。

５月２日に、艦隊は２隻の船で再出帆した。しかしフアン・セバスティアン・エルカーノの指揮のもとに、スペインに辿りついたとき残っていたのはたった１隻だけだった。1522年９月６日、旅に出発した237人のうちたったの18人だけが最初の地球一周航海を３年かけて成し遂げ、地球の丸さを決定的な方法で示したのであった。

丸くて美しいもの

　いずれにせよ地球が丸いということは、2000年以上前から知られていたのだ。最初に地球が丸いことを指摘したのは、ピタゴラスである。その後アリストテレスは、『天体論』という著書の中で、観察的な根拠を挙げて、地球が丸い理由を論じた [72]。

- 船が水平線の向こうからこちらへ進んでくるとき、最初にマストが見え始め、徐々に船体が姿を現す。
- 南に向かうときに、見慣れた星座は沈んでいき、だんだんと新しい星座が昇ってくる。
- 月食の間、月がどの高さの位置にあったとしても、地球は丸い影を生み出す。

　アリストテレスは地球が丸くなった理由についても論じたのだが、その説は2000年たってニュートンによって確かめられることになった。つまりアリストテレスは、拘束されない物質が引力によって引っ張られると、球形になる傾向があることを直感したのだった。

　古代ギリシャにおいて、地球が丸いことに疑いを挟む意見は出なかった。ことによると、地球の反対の地点で「頭を下に吊るされて」いるはずであろう人々が住んでいるのかどうかという論争があったかもしれないが、キリスト教がヨーロッパ社会に浸透した中世でも、ルネサンスでも、その状況は変わらなかったようである。暗黒時代において知識人たちが、地球は平たいと信じていたというのは単に都市伝説にすぎない。

最も彼らは、はるかにばかげたことを本当に信じていたのではあるけれども。それに対して、一般の人々が何を考えていたのか、何を考えているのかは、別の話だ。

　古代において、丸いものは地球に限らなかった。宇宙全体もそうであるし、少なくともピタゴラス派以降の人々はそう考えた。まずはプラトンが『ティマイオス』に、ついでアリストテレスが『天体論』に取り入れ

れたのは、まさに宇宙は球であるとする宇宙観だった。地球もまた球状で、宇宙の中心に位置し不動であるとされた。そして「恒星」の球は、東から西へと地球の中心を通る軸の周りを常に規則的に動くとされた。

プラトンが名づけた「同の球」の他に７つの「異の球」があり、地球からの距離にしたがって、順に、月、水星、金星、太陽、火星、木星、そして土星が置かれた。「異の球」と呼ばれたのは、恒星の動きとは対照的に、それらの星の動きが不規則であり、さまようものだったからである。ここにギリシャ語で「さまようもの（プラネーテース）」を意味した**惑星**という名の由来がある。

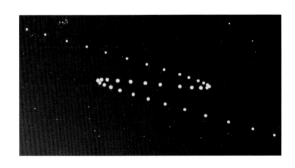

　地球中心のこのモデルの基本的仮説は後に、プトレマイオスによって『アルマゲスト』第１巻にまとめられた。

● 地球は球であって、不動である。

● 恒星は１つの球の上にあって、その球は地球を中心としている。

- 恒星と惑星は地球が中心となるいくつかの球の上にあって、地球の周りを回っている。
- 地球と恒星を隔てている距離に比べると、地球の大きさは取るに足らない。

地球中心の天体が持つ問題は、太陽中心のモデルには見あたらなかった。われわれにとって最初の情報源であるアルキメデスの『砂の計算者』では、次のように述べられている。

> 「アリスタルコスは、いくつかの仮説を含む１冊の書物を出版したが、その仮説によれば、宇宙は今引用したばかりのものよりはるかに大きいということになる」

アリスタルコスの仮説というのは、
- 太陽と恒星は不動である。
- 恒星は１つの球の上にあって、その球は太陽を中心としている。
- 地球と惑星は太陽が中心となるいくつかの球の上で、太陽の周りを回っている。
- 太陽と恒星の距離に比べると、太陽と地球の距離は取るに足らない。

地球の地理学にしても天体の天文学にしても、両方とも球体であるので、適切な幾何学を必要としていたことは論をまたない。場合により、『原論』のユークリッド幾何学を採用したり修正したりしながら、自立的な方法で幾何学を発達せざるを得なかったのである。

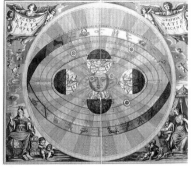

プトレマイオス説の天体図（左）とコペルニクス説の天体図（右）、アンドレアス・セラリウス、『マクロコスモスの調和』、1661年より

曲線を計測してみよう

　エラトステネスは、球面幾何学において偉大な成果を最初にあげた数学者である。アルキメデスのかの有名な『方法論』は、彼に宛てて書かれた。「五種競技者」というあだ名を持っていたことからわかるように、彼は多才でさまざまな学科に顔を突っ込みながらも、どの学科でも記録を残すほどの成績を収めることはできなかった。「ベータ」というあだ名もつけられていたが、永遠に 2 番手とみなされていたからである。現代のメダルの順序で言えば、「銀メダリスト」と呼ばれるところであろう。

　彼の不運は、主にアルキメデスとアポロニウスと同時代に生きたことである。彼らと競っては、なかなか 1 番になることはできまい。バルタリとジモンディとも少し同じ運命であったと言えよう。彼らはコッピやメルクスと同じ時代にペダルをこがなければならなかったのだから[73]。しかしバルタリとジモンディと同じくエラトステネスもまた、『地球の計測について』という失われた論考によってマイヨ・ジョーヌを獲得した。事実、彼は驚くべき正確さでもって、地球の周囲の長さを計測したのである。

　毎年 6 月21日の正午、エジプト南部の町シエネ（現在のアスワン）のすぐ近くの井戸の中には、太陽光線が垂直に入ってくる。この日正午に、井戸の底で棍棒を垂直に立てても、何の影もできなかったのである。エラトステネスは、この事実を活用した。

　一方で同日の正午にエラトステネスは、かの有名な図書館の館長として働いていたアレクサンドリアで棒を立て、影を測った。棒と太陽光線が作る角度は、垂直に対して全角の1/50ぐらいであった。

　エラトステネスは、 2 つの観測を関連づけた。アレクサンドリアはシエネの北にあり、 2 つの町は多少の差はあれ同じ経線の上にある。したがって 2 つの観測は、同時に行われたのだ。片方で正午のときには、もう一方の町でも正午である。また太陽は地球からとても離れているので、その光線はシエネとアレクサンドリアとに実質的に平行にやって来る。

　鉛直に立てた棒が、地球の中心まで延長されると想定できる。したがってエラトステネスは結果的に、シエネとアレクサンドリアから地球の中心へ引いた 2 本の線分が作る角度を計測したことになる。あるいは、シエネとアレクサンドリアの扇形の幅を測ったとも言えるのである。

　円周に対する扇形部分の弧の長さの割合は、全角に対する扇形部分の

中心角の割合に等しい。一方、全
角に対して、アレクサンドリアで
鉛直に立てた棒と太陽光線の影が
作る角度は、約1/50であった。し
たがって、2つの町の距離は約
5,000スタディオンであったことか
ら、地球の全周は250,000スタディ
オンであるはずであった。

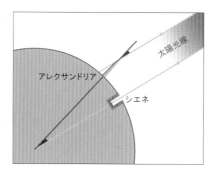

　1スタディオンが157.5メートル
に等しいとすれば、結果として39,375キロメートルを得る。今日知られ
ている子午線の正確な平均値は、40,008キロメートルである。実のとこ
ろ、エラトステネスの結果はもっと優れていた。なぜなら何らかの理由
によって、彼は長さを252,000スタディオンに訂正した。それにより39,690
キロメートルとなり、1%以下の誤差にしかならない。
　どちらの場合でも、驚くほどに40,000キロメートルに近くなる。つま
り、1791年にフランスの科学アカデミーによって選ばれた長さ、「パリ
の子午線で計算された北極と赤道の間の距離の1000万分の1」としてメー
トルを定義するために用いられる長さの4倍に近かった。あるいは、
学校でかつて教えられていたように、おおよその数字として「地球の全
周の4000万分の1」として定義するための長さであった。
　子午線は実際には、40,000キロメートルよりほんの少し長い。それは
1792年から1799年にかけて、ジャン・バティスト・ドランブルとピエー
ル・メシャンにより公式に実施されたダンケルクからバルセロナまでの
距離の測量が、ほんの少し間違っていたからである。その結果、メート
ルは、ほんの少し実際より短くなったのだ。

大円のショー[74]

　エラトステネスの議論のベースには、球面幾何学がある。球面幾何学
によれば、球面上の2点と球の中心を通る平面は1つに決まる。この平
面と球面によって**大円**が作られる。
　球面上の大円は、平面上の直線と同様のものである。平面幾何学を参
考に、球面幾何学を発展させることができるのだ。西暦100年頃、この

アイデアに着目し球面幾何学を最初に体系化したのは、アレクサンドリアのメネラオスであった。抽象的に言えば、ちょうどユークリッドの『原論』が平面上にあるように、メネラオスの『球面学』は球面上にある。具体的に言えば、『球面学』の第1巻は『原論』の第1巻と平行して進み、両者の幾何学の間にある類似点と相違点を詳細に明らかにしていく。

　メネラオスが直面した最初の問題は、2点を結ぶ**線分**の定義であった。それは平面上の線分よりも、小々扱いが難しかった。当然思いつくのは、

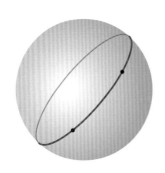

ユークリッド幾何学で2点を通る直線を部分的に切り取るように、球面上の2点を通る大円を部分的に切り取ることであろう。しかし、それだけでは十分ではない。というのも大円は閉じた線であって、互いに一方からもう一方へ進む「線分」及びそれと全く逆方向に進む「線分」の、少なくとも2本の「線分」により2点が結び合わされているからだ。

　この迷路からの脱出方法は、2つある。第1の方法は、短い方だけを線分として選ぶことである。しかしそうするには、長さを自由に測定できないといけない。第2の方法は、中心角が小さい方に対応する弧だけを線分として選ぶことである。しかしそうするためには、角度の測定が自由にできないといけない。どちらの場合にしても、平面幾何学において線分を定義するよりも、事態は複雑である。

　まるでこれでは十分でないと言わんばかりに、もう1つ複雑な問題がある。もしその2点が反対の極にあるとき、あるいは「カウンター攻撃」を食らうとき[75]、すなわち球の直径の両端

にあるときには、それらを通る大円は無数に存在するからである。**子午線**が、その例である。子午線は、地球の両極を通っている。そして子午線によって作られる数限りない大円は、両極の2点によって、等しい部分に分けられる。

　したがって球面幾何学は、平面幾何学とは実質的に異なる。特にユークリッドの

「第1の公準」で、すでに問題がある。なぜなら2点は大円の弧でもって確かに結びつけられるのだが、その2点が球の直径の両端にあるときには、たった1つの結びつけ方に決まらないからだ。それに、「第2の公準」でも問題があるのだ。弧は、それが属する大円を超えては、際限なく延長され得ないからである。

2つの前線に挟まれて

それに対して、ユークリッドの「第3の公準」については問題がない。第3の公準は、任意の中心と半径によって円が作れることを述べている。中心として球面上に点を持つ円周は、実際のところ、その点を極とするリング状の**平行圏**（緯線）である。そして平行圏によって切り取られる部分が、**球冠**である。

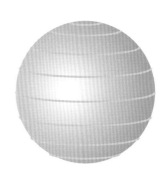

しかしすべての平行圏は、「2つ」の球冠、つまり1つの球冠が極に中心を持ち、もう1つが反対の極に中心を持つ。したがって「球面上のすべての円周は、2個の中心と2本の半径を持ち、2個の円を決定する」。球面上の円周は、平面上の円周とは異なるのである。

当然だが、球面上の円周の半径を語るときには、3つの長さを混同してはならない。何よりもまず、球の半径rがある。ついで、平行圏によって決まる平面上の円の半径r′がある。最後に球面上の円周の半径、球冠の極から平行圏までの長さρがあり、それは大円の半円周πrの1部だ。一方で、平行圏によって決まる平面上の円の周長はr′で決まるので、球面上の円周は例のアルキメデスの公式より2πr′である。これらの長さは、球面幾何学について考えるときは球面上のρという長さを使って表すべきである。同様の議論は面積に対しても成り立つ。

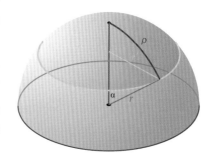

例えば平行圏が赤道である場合、球面上の円周Ｃは最大円（2πr）に等しく、その半径ρは最大円の4分の1（πr/2）である。したがって、Ｃとρの比は4であり、平面上の円周と半径の比のように2πではない。面積Ａは、それに反して球の表面積の半分に等しい（2πr²）。したがって、Ａとρ²の比は8/πであって、平面上の円の面積と半径の2乗の比のようにπとはならない。

　どちらの場合にも、球面上の係数は平面上のそれよりも小さくなる。そして一般にρの半径を持つ球面上の円について、その円周Ｃと面積Ａに対する次の公式が成り立つ。

$$C = 2\pi r a \qquad A = \pi r^2 b$$

　ここではaとbは修正用の係数であって、それぞれ球の半径と球面上の円の中心が作る角度αによって決まる*。特に、半径が0からπrまで増加するにしたがって、係数aは1から0に減るし、bは1から4/π²になる。

*さらに知りたい方のために記すと、$a = \dfrac{\sin \alpha}{\alpha}$、$b = \left(\dfrac{\sin (\alpha /2)}{\alpha /2} \right)^2$

　そのようにして、半径ρがとても小さい場合には、球面上の円は平面上の円に近くなる。球はそれに接する平面と変わらなくなるからだ。円周は最大値の赤道まで増え、だんだんと0まで減じる。対して面積は徐々に増えていき、半径が反対の極に触れるときに最大になる。その場合、球面上の円の面積は球の表面積に一致する。

平行圏と平行線

　「第5の公準」が言及している平行線の話となると、事態は悲劇的になる。ユークリッド幾何学すなわち平面上において、ある直線外の1点を通り、その直線に対する平行線は常に1つあり、それはその直線の垂線に対する垂線である。

　しかし球面上で、平行圏は確かに大円の垂線に対する垂線であり、大円と交わることがない。にもかかわらず、平行圏は平行線ではない。なぜなら、直線（大円）ではないからだ！　あるいはこう言ったほうがよければ、平行圏は2点を結ぶ最短の線ではない。それをよく知っているのは、飛行機のパイロットだ。彼らは、ある地点から別の地点に飛ぶと

きに、平行圏にそって飛ぶことはない。例
えば、ともにおよそ北緯41度にあるナポリ
とニューヨークの間の航路も、平行圏にそ
っていない。

平行圏が平行線でないとするなら、いっ
たい球面上で何が平行線であるというのだ
ろう。その驚くべき答えはこうだ。存在し
ないのである。事実、直線は大円であり、
2つの大円は常に2点において交わるので
ある。他の言い方をすれば、同じ1つの点
（球の中心）を通る2つの面は1本の直線（直
径）を共有し、その直線は2点において球
面と交わる。

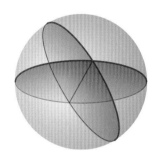

事態を複雑にすることになるが、それで
も指摘しておこう。第5公準は、球面幾何
学においても実は成り立っているのであ
る。というのも、もともとの公準は、平行圏について全く言及しておら
ず、ただある種の条件において、2本の直線は交わるとしか言っていな
いからである。2つの大円に対して、このことは無条件に真である。

同じことは、ジョン・プレイフェアの表現でも有効だ[76]。少なくとも
「直線外にある点について、その直線に対しての平行線は多くても1本し
か通らない」と注意深く言うならば。平行線は1本も通らないから、こ
れは球面幾何学で常に真である。ところがもし「直線外のある点に対し、
その直線に対してただ1本の平行線が通る」という公準が述べられたな
ら、それは球面幾何学では成り立たない。

順風満帆で

平面と球面における線分の類似について考えた後で、メネラオスは多
角形の類似を考え始めたが、すぐさま新しい発見をした。平面上で、あ
る閉じた図形を決定するには、少なくとも3辺が必要である（3辺で三
角形ができる）。それに対し球面上では、何とただの2辺で十分である！

経線に沿う半円の対が**二角形**あるいは櫛形を作るのである。

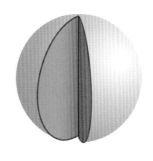

ポーツマスのスピンネーカータワー、イギリス

二角形の面積Aは、エラトステネスが扇形の弧の長さを計算するときに使ったのと同じような比を使って、簡単に計算される。その比は、全角（2π）に対する2つの半円のなす角αによって表される。したがって球全体の表面積$4\pi r^2$に、この比$\alpha/2\pi$をかけて、

$$A=2\alpha r^2$$

が得られる。**球面三角形**も存在する。しかしメネラオスは、球面三角

形には、われわれが慣れ親しんだ平面上の三角形とはかなり異なる特性があることを示した。その1つは、あたり前のことながら、球面三角形の辺が曲線ということである。したがってそれは、船の大三角の帆やシドニーのオペラハウスの屋根に似ている。

メネラオスが証明した命題Ⅰ-11は、予想

シドニーのオペラハウス、オーストラリア

外の結果だったが、きわめて重要である。「球面三角形の角の和は、さまざまに変化する」のであって、固定的でない。平面上の三角形のように、2直角あるいは1平角（180度）には絶対にならない。むしろ1平角より大きく3平角までの、いかなる値も取ることができる。なぜなら球面三角形は、押しつぶすとほとんど直線に、膨らませると円に近づくからである。

　むしろすべての大円は、ある球面三角形の周と捉えることも可能だ。その場合、大円上のどの3点も、球面三角形の3つの頂点に選ぶことができる。その3点は、　必ずしも等間隔である必要はない。したがって、球面上には「等辺三角形ではない等角三角形」が存在する。当然のことながら、球面上の何辺の多角形についても同じことが言える。大円上には、頂点をいくつでも打つことができるからである。

　球面上の多角形と言うとき、われわれは直感的に「内側」と呼びたくなる部分だけを想定してしまう。平面上の多角形は、内側を想定するだけで十分だ。なぜなら、平面上では多角形の外側に無限に平面が広がって、限りがないからである。それに対して、球面上の多角形の外側は、内側と同じく限られてしまい、結果的に「外側の多角形」も作られるのである。球面上の外側の三角形の場合、角の和は3平角以上5平角より小さい、いろいろな値を取り得る。外側の三角形の角は、3つの頂角それぞれについて全角（2平角）と、それに対応する内角の差で決まるからである。

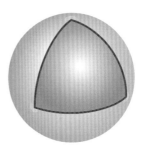

　当然のことながら、球面上の内側の多角形と外側の多角形が等しくなる（鏡像になる）のは、ちょうど右の図で考えた三角形の例と同

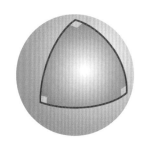

じく、すべての頂点が１つの大円の上にある場合のみである。だが、一般に内と外では異なる形となる。

　例えば、球を三方向に垂直に半分に切って得られる**直角等辺等角三角形**は、すべての角が直角なので直角が３つの三角形である（左図）。明らかにこれは、「ピタゴラスの定理は球面幾何学では成り立たない」ことを示す事例の１つである。実際、３辺がすべて等しいのであれば、ある１辺の２乗は他の２辺の２乗の和と等しくはならない。

　同様に、大円上に等距離に４つの点をとれば、「等辺等角四辺形」が得られる。等辺等角四辺形は、４つの平角の和（２つの全角の角の和）を持ち、**正方形**と呼ばれる。これは正しい名称と言える。というのもユークリッドの定義によれば、正方形とは「同じ辺を持ち、同じ角を持つ四辺形」だからである。

　ところが、「球面長方形は存在しない」。頭に浮かぶ簡単な例は、平行圏の２本の弧と２本の経線によって作られる図形で、これは確かに４つの直角を持つ。ところが、それは四辺形ではない。なぜなら、平行圏の弧は線分ではないからである。したがって、その図形をユークリッド幾何学で描けば、２本の直線と直線ではない２本の線を持つことになる。

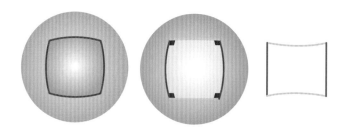

合同の基準はトリプルＡ

　平行線の公準は、ユークリッドが与えた表現以外にも、同じ内容を持つ命題がいくつか知られている。そのうちウォリスの公理と呼ばれる命題によれば、平面上では、ある三角形に対していくらでも大きな相似の

三角形を作ることができる。したがって平行線の公準が球面幾何学で破綻することと、ウォリスの公理を考え合わせると、次のような疑いが生じる。球面上では、相似三角形についても何か不具合が生じるのではないか。

　まさにメネラオスの命題I-17が示すように、「内側」の三角形に対して、おなじみの合同の条件に１つ新しい条件が加わる。それは「球面上の２つの三角形は、互いに等しい３つの角を持つとき、合同であるというAAA（角A-角A-角A）の条件」である。平面上では３つの角が等しいことは、２つの三角形が相似の関係にあることを示すだけだった。それに対し、球面上では合同の三角形が唯一の相似の三角形であるのだ！

　しかし２つのケースの相違は、見かけ上のものである。AAAの基準は、平面上の三角形の合同条件「互いに３つの同じ角を持ち、かつ**辺の比が同じ**である２つの三角形は合同である」の球面上バージョンである。単一の球面上においては、球そのものの大きさによって辺の比は固定されてしまう。したがって、半径をさまざまに変化させるだけで、平面上の場合と同じように明らかに相似ではあるが合同でない三角形が球面上で再び得られる。

　球面三角形の角は三角形を完全に決定し、その面積も決定する。球面三角形の面積は明らかに０と半球の表面積$2\pi r^2$の間にある。一方、角の和は、１平角から３平角の間、つまりπから3πの間にある。そして角の和とr^2の間に、次のことを仮定できる。半径がrである球の球面三角形の面積Aは、

$$A ＝（角の和 － \pi）\times r^2$$

　いくつかのケースについて見てみよう。例えば、先に取りあげた直角等辺等角三角形の面積は、半球の1/4の面積に等しく、$(\pi/2) r^2$になる。そしてその角の和は３直角であるから、$3\pi/2$である。この数字からπを引けば、確かに$\pi/2$が得られる。

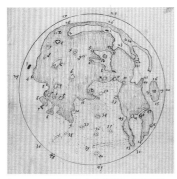
トーマス・ハリオットによる月面図、1612年頃

　上記の仮定が一般的に成り立つことを証明するのは、また別の話である。最初に成功したのは1603年のトーマス・ハリオットで、次が1626年のアルバート・ジラールであった。ところが今日では、その定理は2人目の名前だけが冠されている。なぜなら1番目の者は、自分の得た結果を公開しなかったからだ。いつもそうであるように、声をあげる必要があるのだ。ハリオットは1609年7月26日にガリレオに何カ月も先立って望遠鏡の焦点を月に合わせ、1610年12月8日以来、太陽の黒点を見つけても沈黙していたぐらいである。

　ハリオットとジラールの定理の証明は、オレンジの皮をむいてみればよく理解できる。まず任意の球面三角形に対し、その角をそれぞれ頂点とする3つの二角形を三角形の上で交差させる。すると二角形を合わせた部分の面積は、半球の面積に等しいことに気づく。一方、球面三角形の各頂点とは反対側にある3つの二角形の頂点は、最初の球面三角形を作る。したがって、3つの二角形を合わせた部分の面積は、球面上の残りの部分の面積に等しい。

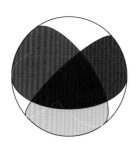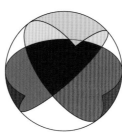

　ここまで理解できれば、2つの計算をするだけで済む。α、β、γという角を持つ球面三角形がある場合、それぞれの角に対応する二角形の面積は、それぞれ$2\alpha r^2$、$2\beta r^2$、$2\gamma r^2$となる。ただし3つ合計するだけでは、$2\pi r^2$である半球の面積と等しくならない。なぜなら、そうすると三角形の面積Aを3回計算してしまうことになるからである。したがって、$2\pi r^2$と等しくなるようにするためには、合計の$2(\alpha+\beta+\gamma)r^2$から2Aを差し引かねばならない。結局、面積Aを得るためには、$(\alpha+\beta+\gamma)r^2$からπr^2を差し引かねばならないということだ。

第11章

物事を新たなアングルから見ると

アリスタルコス、ヒッパルコス、プトレマイオス

1832年４月から1833年５月にかけて、スコットランドの天文学者トーマス・ヘンダーソンは、喜望峰の王立天文台で一連の天文観測を行なった。ヘンダーソンは英国に戻ると、自分が得たデータを駆使して、ケンタウロス座アルファ星から地球への角度が季節によって微妙に変化することを突き止めた。それは、太陽中心説を否定するプトレマイオス派に対する、最初の実験的反証であった。

　事実、地球が太陽の周りを回っているとするならば、恒星の位置が１年を通して変わるはずだと、そもそもアリストテレスが指摘してあったのだ。16世紀末に、ケプラーの師匠であったデンマークの天文学者ティコ・ブラーエは、膨大な観測記録でアリストテレスの指摘を裏付けた。星々は、その見かけの直径が太陽の30分の１であるので、地球との距離は太陽より30倍遠く、太陽と地球に対しておよそ２度の角度をなすはずである。しかし、そのような観測結果は全然得られなかったので、地球は太陽の周りを回っていないと、彼は推論したのであった。

　現実には、すでにアリスタルコスが、アリストテレスの指摘に答えていた。それはちょうど、コペルニクスによって繰り返されることになる主張と同じであった。すなわち、恒星はただ単に想定以上に遠くにあるだけである、と。後にガリレオは、ティコ・ブラーエの間違いを説明した。裸眼で観察された星の見かけの大きさは、実際の大きさよりも大きくなり、したがってそれらは実際の距離よりも近くに見える、と。

　しかしながら、アリストテレスの指摘が正しいかどうかを観測によって確かめることがいかに難しいかを説明することと、それを実際に観測することは別問題だ。その観測を達成したのが、ヘンダーソンである。

彼はケンタウルス座アルファ星までの距離が4光年であると推定したが、それは正しい値の4.4光年にかなり近いものであった。しかし、その結果は太陽と地球の間の距離のおよそ20万倍に等しく、彼には大きすぎるように思われた。ヘンダーソンは間違いだと思ってしまい、自分の仕事を発表しなかった。そのために1838年に同様のやり方で、はくちょう座61番星の視差を測ったドイツ人天文学者フリードリッヒ・ベッセルに先を越されてしまったのだ。ベッセルはその星の距離を最初に約10光年であると発表したのだが、それもまた約11.4光年という正しい値にかなり近いものであった。

宇宙の規模

　ヘンダーソンとベッセルには、地球から見て角度を測るしか星の距離を算定する手立てがなかった。しかしその方法は、彼らが発明したものというよりは、むしろ自然のものであった。実際、両眼の視覚システムが同じ方法を採用しているのだ。それは、三角形の合同条件の1つ**ALA（角A－辺L－角A）の条件**に基づいている。ALAの条件によれば、三角形は1つの辺とそれに隣接する2つの角によって完全に決定される。

　目の場合、三角形の辺に相当するのは顔面の目と目の距離である。星の場合には、地球の公転軌道の直径である。他のものでも構わない。最初にこの合同条件を意識的に応用したのは、タレスと考えられている。彼は海岸から海上の船までの距離を、船と海岸の2地点が作る2つの角から推定したという。

　この方法は多方面に応用できるものの、問題は角の測り方である。角

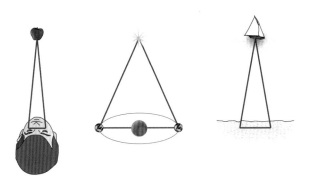

を測るのは、ロープで距離を測るのに比べればはるかに難しい。とりわけ対象となる角がほとんどゼロに近いか、ほとんど垂直のときには、小さな誤差が大きな誤差を引き起こす可能性がある。

　そのような間違いは、星々の距離を計算しようとするときによく見られる。この問題に先駆的に取り組んだのがアリスタルコスだが、彼の現存する唯一の作品『太陽と月の大きさと距離について』には、その計算結果が記されている。ピタゴラスと同じサモス島の出身である彼は、同時代の人々に「数学者」と呼ばれた。アルキメデスが『砂の計算者』の中で、アリスタルコスについて言及しているが、アリスタルコスはアルキメデスより少し年長であり、前300年から前250年頃に花開いた。

　最初に太陽中心説の種まきをした者に対して、この「花開いた」という植物学風の動詞はふさわしくなくもない。太陽と月が地球の周りを動いているというよりも、地球と月が太陽の周りにあると考えるほうが理にかなっている。そんな確信を彼が抱いたのは、計算によって得られた3つの天体の相対的な距離であったと考えられる。まさしく彼がそれらの距離を計算したが、そこには古代の偉人たちのひらめきが感じられる。

　月のちょうど半分が輝いて見える半月のときに、月と地球、太陽の作る角は直角である。このとき3つの天体は、合わせて1つの直角三角形を形成する。2つの鋭角のどちらかを測ることによって、もう一方の角も得られる。こうして三角形の形が決まり、各辺の比が決定される。

　アリスタルコスは、小さいほうの角は直角の1/30、今日の表し方なら3度であると見積もった。そのことから「地球と太陽の距離は、地球と月の距離よりも19倍長い」と推論した。太陽系の規模は、その当時まで考えられていたようなシステムよりも非常に大きいということがわかったのだ。しかしアリスタルコスの計算結果は、実際の値よりずっと小さ

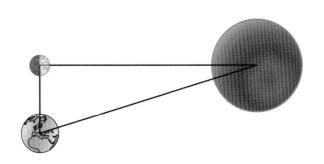

かった。というのもアリスタルコスが計算した距離の比より、本当の値はおよそ390倍大きいからである。

　当然、理論は完全に正しかった。間違いはすべてその実践、角度の計測にあって、その角度は3度ではなく約10分にすぎなかったのである。その難しさは、角度を測ることだけではなく、まさに月が半分であるときを測ることにもあった。それに月と太陽を同時に見ることはできず、半月が出ているときに太陽の位置を決定することも難しかった。

アメリカ大陸再発見

　直角三角形の1つの角から、斜辺と1つの隣辺との間の比を求めること、あるいはその逆の計算は、**三角法**と呼ばれる分野における中心的な問題だと言える。三角法という語は、ギリシャ語のトリゴノン「三角形」とメトロン「計測」からなる。その名前は、1595年にバルトロマイウス・ピティスクスの著作『三角法、あるいは三角形の大きさについて』において、初めて用いられたと考えられている。

　アリスタルコスの成果は、三角法の最初の劇的な応用例であった。しかし、その学説を体系的に発展させたのは、ヒッパルコスである。彼は前150年頃に生き、歴史上最も偉大な科学者の1人であるだけでなく、古代の最も偉大な天文学者であった。彼は何と、ヴァイキングやコロンブスよりもずっと以前に、家から出ることすら必要とせず、アメリカを発見したのである。

　ストラボンの『地理誌』が言及しているように、ヒッパルコスは、大西洋とインド洋の潮の著しい相違に気づいた。大西洋の潮流は、前330年から前320年にかけてマルセイユから北海まで周航したピュテアスによって『大洋について』に描かれていた。一方、インド洋の潮流は、同じ年代にアレクサンドロス大王の征服にインドまで随行した科学者たちによって記録されていた。

　ヒッパルコスは潮がこれほど違うのだから、ジブラルタルの西の大洋はインドの東の大洋と同じではあり得ないと考えた。2つの水の塊は、そういうわけで、それらを分断するほどの巨大な大陸が存在するに違いなかった。北極から南極まで続くような大陸が存在し、そうでなければ、水は容易に低いほうにあふれるであろう。

ヒッパルコスの直感は、演繹的に導き出されたわけではなく、手に入るわずかな実験的データを最大限に活かして得られたものである。他にも同様の例がある。例えば、自分の観察がアレクサンドリアのチモカリスによる前290年頃の観察と一致しないことに気づき、そのことを著書『春分点と秋分点の変化について』に記している。

　そしてその間違いが「星座の順にしたがって」規則的に見られることから、ヒッパルコスは、今度は**春分・秋分の歳差運動**を見出した。彼は歳差を年に45秒ぐらいであると計算したが、それは50秒という正確な値にほぼ近い。約26000年の周期を持つ現象が、1世紀半を挟んだ2つの観察をもとに発見されたのだ。

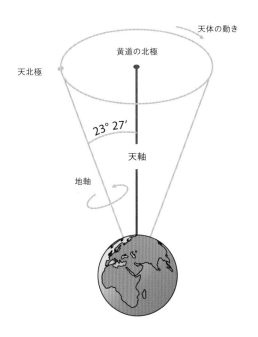

　ヒッパルコスは、エラトステネスとアリスタルコスが着手した星々の距離の計測を引き継いだ。ヒッパルコスの著書『太陽と月の大きさと距離について』には、前190年3月14日に生まれ故郷の町ニケーアの近くで起きた食のデータを使った計算が記されている。ヘレスポントス海峡（現ダーダネルス海峡）で観測されたのは皆既日食であったが、アレクサンドリアでは太陽の5分の4だけが月によって暗くなった。

　すでにタレスが気づいていたように、皆既日食の間、月は太陽をほぼ

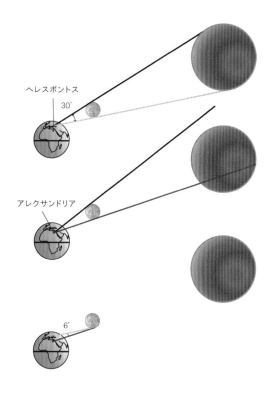

完全に覆う。したがって、月と太陽の見かけの直径はほぼ等しく、１度の半分、30分程度の値と見積もることができた。２つの日食には６分の角度の差があり、ヘレスポントスとアレクサンドリアの間の距離がその差をもたらす要因となっている。ヒッパルコスは、計算の結果、地球から月までの最短距離と最長距離は地球の半径の71倍と83倍であると推論した。またもやそれは正しい値に近かったのだ。正しい値は、それぞれ半径の56倍と64倍で平均値は60倍になる。

　「最後に、決して取るに足らないものではないが」、ヒッパルコスは**歴史上、最も長い観測**に着手した。それはほぼ2000年も続き、1718年、彗星観測で有名な天文学者エドモンド・ハレーによって決着された。今度の話は何かと言うと、ヒッパルコスはたとえ非常にゆっくりとであっても、恒星が互いに他のものに対して動いているのだと直観したのである。彼は、千もの星の詳細な地図、いわゆる星座を完成させた。プリニウスは著書『博物誌』の中で、後世の者たちにとって星のありうる移動を明らかにする上で、この星座が役立つはずであると述べている。

　ヒッパルコスの星座カタログは非常に有名になり、2世紀に制作された彫像《ファルネーゼのアトランティス》の肩に担ぐ球に星座が描かれている（ナポリ国立考古学博物館所蔵）。その星座カタログの位置にしたがって実際の星が配置されていたことは、やっと最近、2005年に明らかになった。ヒッパルコスによって発見された春分・秋分の歳差運動を考慮に入れて、初めて前125年の星の配置を決めることが可能であって、それはまさしくカタログが完成した時期であった。

　ファルネーゼのアトランティスの縮約版は別にして、ヒッパルコスの星座の完全版は失われてしまった。しかしプトレマイオスが『アルマゲスト』の中で、その拡大版を発表している。この拡大版こそ、幾世紀にわたって伝えられたものであり、ハレーが計測したシリウス、アルツロス、アルデバランの座標は微妙に古代の者による報告とは違っていたものの、それまで伝えられたのだ。

　ちなみに、ヒッパルコスのカタログでは、星の位置は**緯度**と**経度**をもとに特定される。この表し方もまたヒッパルコスの発明であったし、彼は地球上の地点を特定するのにもこの方法を採用すべきだと主張した。今日でも球の座標に同じシステムが用いられている。彼の方法は、しっかり根付いたのである。

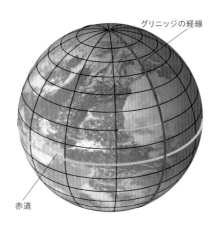

グリニッジの経線

赤道

弦の上の綱渡り

　ヒッパルコスは、『円の弦について』と題した12巻の三角法に関する論文も書いたが、それも驚くにあたらない。弦は、明らかに幾何学だけ

でなく天文学にとっても重要なテーマだからである。

　例えば、アリスタルコスが取り組んだ星々の距離や大きさに関する計算は、実質的に弦の問題に帰着させることができる。現にタレスの定理の1つによって、直角三角形は半円に内接し、直角三角形の直角を挟む隣辺は弦であり、斜辺は直径である。

　さらに円の弦によって、一義的に2つの角が同定される。1つは中心に対する角、もう1つは半円周に対する角である。最初の角は、2つ目の角の倍になる。これらの角は弦の絶対的な長さによって決まるのではなく、円の半径あるいは直径と、弦との比によって決定されるのである。タレスのまた別の定理によれば、弦と半径や直径からなる三角形と相似なすべての三角形について、角と各辺の関係は同じであり、したがって、すべての円について同じ関係が成り立つ。

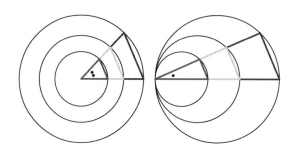

　一般的にギリシャ人、とりわけヒッパルコスは、このような比の扱いに熟練したが、それらに何か特別な名前を与えることはしなかった。最初にこの比に特別な名前を与えたのは、インド人数学者アリヤバータである。500年頃、彼は弦と直径との比を「弦」、**ジヴァ**（jiva）と名づけた。

　後にアラブ人たちがアリヤバータの論文を訳したときに、jivaという用語をそのまま使ったが、アラビア風にそれをjibaと発音し、母音を落としてjbと表記した。さらに時代は下ってラテン語に訳されるとき、12世紀の翻訳者ゲラルド・ダ・クレモーナは、この言葉がアラビア語に訳されたインドの言葉とは知らず、jaibという同じ子音を持つ、insenatura「入江」あるいはseno「サイン、胸」という意味の言葉だと考えた。そして、彼らはそれをまさにsinusと翻訳した[77]。

　あいまいさは今日も未だに残っている。事実、その比をデカルト風に

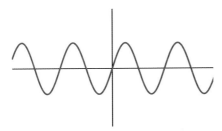

グラフに表したとき、「セーノ
（seno）」という名前のせいか、
人々はそれが波状の形と関係し
ているように間違って想像して
しまったり、乳房を思い起こし
たりする。

　三角法の公式では、seno（サ
イン）は略して**sin**とされる。そして、アリヤバータが同様にkojivaと呼
んでいたcoseno（コサイン）は、**cos**と略記される。その最初の使用例は
17世紀にまで遡り、エドムンド・ギュンターの著作に見出される。彼は、
これら略号を使って一種の計算法則を説明した。イタリアではラテン語
より俗語senと記すことを好む人がいるものの、sinは今もあらゆるとこ
ろで使用されている。

正弦

　正弦（サイン）と余弦（コサイン）は、もともと関係式の一方に円の直
径と弦、もう一方に角度を置いて両者を結びつけるものとして定義され
た。つまり、

$$\sin \alpha = \frac{\text{角}\alpha\text{に対して反対側の弦}}{\text{直径}}$$

$$\cos \alpha = \frac{\text{角}\alpha\text{に隣接する弦}}{\text{直径}}$$

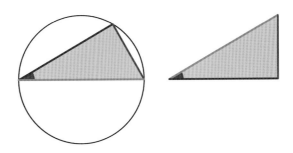

　しかし後に、円について言及する必要はないことがわかった。なぜな
ら、直角三角形だけで十分だからである。新たな定義では、一方に直角

三角形の隣辺と斜辺、もう一方に角度を置いて両者を結びつける。つまり、

$$\sin \alpha = \frac{\text{角}\alpha\text{に対して反対側の隣辺}}{\text{斜辺}}$$

$$\cos \alpha = \frac{\text{角}\alpha\text{に接する隣辺}}{\text{斜辺}}$$

　最後には、直角三角形に限定する必要すらないことが明らかになる。どんな三角形でもよい。なぜなら三角形は、常に円に内接するからである。そして、同じ弦に対する円周角はすべて等しいことより、「いかなる三角形の角の正弦も、角に対して反対側の辺と、その三角形に外接する円の直径との比で表される」ことになる。

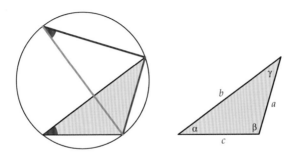

　したがって、三角形に外接する円の直径は、ある角の反対側にある辺を、その角の正弦で割れば得られる。この関係は、「正弦の法則」と呼ばれ、三角形のすべての角について成り立つ。「正弦の法則」は13世紀に、ナシール・アル・トゥーシーによって初めてはっきり述べられた。「いかなる三角形においても、ある角に対して反対側の辺と、その角の正弦との比は一定である」。

$$\frac{a}{\sin \alpha} = \frac{b}{\sin \beta} = \frac{c}{\sin \gamma}$$

　その証明は平凡である。一方、正弦の法則は、三角形の合同条件、ALAとLALが成り立つことを保証してくれる。というのも三角形の1辺と2つの角、あるいは1つの角と2辺がわかれば、正弦の法則から任意の三角形のすべての角とすべての辺を計算で求めることができるからである。前者の場合、あらかじめ長さを知っておくべき1辺が2つの角の間に挟

まれる必要はない。後者の場合も、あらかじめ大きさを知っておくべき
角が2辺の間に挟まれている必要はない。しかし、そうなると答えは1
つに定まらず、次の図のように2つの三角形が有りうる。

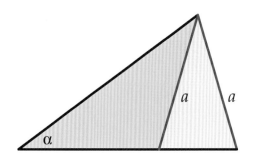

今日は何度ですか

　正弦（サイン）と余弦（コサイン）は線分の間の比であるので、単位の
ない純粋な数そのもので表せる。一方、角度は全く別問題で、角度を表
すには単位が必要である。

　もともとは直角、平角や全角のような特別な角度が基準に選ばれ、そ
れに対する割合としてさまざまな角度が表されていた。すでに見たよう
にアリスタルコスは、半月のとき太陽、地球、月が作る直角三角形の鋭
角の1つを直角の30分の1というように表していた。

　今日広く使われている単位「度」を作ったのは、ヒッパルコスである。
「°」と表記される**度**は、「全角の360分の1」「平角の180分の1」「直
角の90分の1」と定義される。さらにヒッパルコスは、1度を60**分**に、
1分を60**秒**に細分化した。

　ヒッパルコスが全角を360度としたり、角度を60等分して細分化した
りしたことと、バビロンで記数法として60進法が採用されたことの間に
は同じ目的があったと考えられる。360は簡単に6分割される事実に由
来し、分割部分それぞれをバビロン風に60ずつに分けていくことができ、
さらに細かく分割することもできるからだ。あるいはヒッパルコスは、
360日が、30日ずつ12カ月に分けられ、太陽年と月齢を表すのに便利だ
ったことを参考にしたのかもしれない。

　度に対応するギリシャ語は、モイラ（moira）「部分」であった。アラブ

天文時計、ヴェネツィアのサンマルコ広場

人はそれをdaraja「度」と訳した。さらにラテン語では、グラドゥス（gradus）「度」になった。分と秒については、ギリシャ人はそれらを単に「1番目の部分」と「2番目の部分」と呼んだ。ラテン語では、ミヌータ（minuta）「小さい」という形容詞が付け加えられ、「pars minuta prima と pars minuta seconda（1番目の小さい部分と2番目の小さい部分）」と名づけられた。今ではわれわれは、せっかちにもすべてを縮めてminuto「分」、secondo「秒」と呼んでいる。

　角度を測る別の方法が現れたのは、1世紀少し前のことだ。それは弧度法と呼ばれ、ラジアンという単位を使う。ラジアンという用語は1871年、ジェームス・トムソンによって発明された。驚くべきことに、彼の弟のウィリアムは、かの有名なケルヴィン卿であって、絶対零度から始まる温度のシステムの導入を強く訴え、絶対温度の単位の名前のもととなった人である。

　ラジアンという言葉は、ラディウス「半径」に由来している。そして1ラジアンは、「半径と同じだけの長さの弧に対応する中心角」と定義される。したがってこのシステムでは、全角は2π、平角はπ、直角は$\pi/2$である。逆に1ラジアンを「度」で表

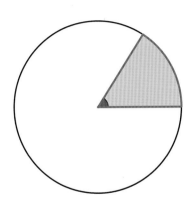

すと、360度を2πで割った、57.29度となる。

　興味深いことに、ヒッパルコスは正弦の表の中で、直径3438＝57.3×60単位である円に言及している。他のさまざまな分野でそうだったように、彼はラジアンにも最初に到達していたと考えられる。

偉大なる偉大

　あいにくヒッパルコスの三角法の論文は失われてしまったし、われわれはそこに何が書かれていたか、正確には知らない。ヒッパルコスの後にメネラオスが書いたとされる論文もまた『円の弦について』という題名であったが、同様に失われてしまった。しかし両者の重要な部分は失われず、古代の最も有名な天文学の作品、クラウディウス・プトレマイオスの『アルマゲスト』（150年）に合流して生き残った。

　この作者については、クラウディウスという名前から、彼がローマ市民権を持っていたと推測されるが、それ以外にはよく知られていない。しかしながら、彼の著作についてはよく知られている。それは「プトレマイオス的体系」と呼ばれるほど、彼の著作が正統派地球中心説の基本的テキストとなったからである。と言ってもほとんどすべての専門的な材料は、エウドクソス、アポロニウス、ヒッパルコスらによってすでに用意されていた。

　プトレマイオス自身の研究成果を加え、これらの材料をまとめたのが『数学のシンタクス』という13巻の著作である。シンタクスは、「概説」という意味である。ギリシャ語でシンは「ともに」、タクシスは「配列」を意味していた。後代の人たちはこの著作にメギステ「非常に偉大な」という最上級をつけて、「最大のシンタクス」と呼んだ。アラブ人たちは、それを「アルマジスティ」と訳したが、それがさらに「アルマゲスト」とラテン語に訳されたのであった。こうして「偉大なる偉大」あるいは「偉大なる論文」とでも呼べる変わった書名『アルマゲスト』が生まれたのである。

　『アルマゲスト』は、ギリシャとヘレニズムの数学の偉大で輝かしい時代を集大成している。プトレマイオス以後も、重要な注釈を加えたり、総括したりする者が何名か現れた。とりわけ250年頃のヘロン、300年頃のパップス、そしてその次の世紀のテオンが挙げられる。

（左上）ラッファエロ・サンツィオ、《アテネの学堂》、地球を持つプトレマイオス、1508-11年
（左下）ラッファエロ・サンツィオによるデッサンの部分、天球儀を持つプトレマイオス、1500－1520年
（右）チャールズ・ウィリアム・ミッチェル、《ヒュパティア》、1885年

　しかしその後、勢力を広げるキリスト教が、アレクサンドリアでテオンの娘、かの有名なヒュパティアを、そして至るところで、合理的かつ科学的な思考を殺してしまう。その後約1000年にわたって、数学は別の地へ、とりわけアラブ諸国へと移住することになる。

三角法

　太陽系の大きさを見積もるために、アリスタルコスは歴史上初めて三角法を使って計算し、次のような正しい答えを得た。

$$\sin 3° \fallingdotseq \frac{1}{19}$$

いかにして、というのはまた別の問題である。正弦から角を求めたり逆に角から正弦を求めたりするのは、実際、全然簡単なことではない。少なくとも、幾何学的に求めるのは簡単ではない。ところが2000年にわたって幾何学的な手法しか使えなかったのだ。マーダヴァが14世紀から15世紀にかけてインドで、ニュートンが17世紀にヨーロッパで、三角関数を表す解析的な級数を発見し、ついに直接的で正確な計算ができるようになったのである。

それ以前には、ちょうどアリスタルコスが演じたような幾何学的綱渡りが必要であった。ヒッパルコスが採用したのは、規則正しい間隔で正弦（サイン）と余弦（コサイン）の値を求め、三角法の表を埋めていく方法だ。その表には細かな値を新たに加えることができた。例えば、プトレマイオスの表の場合には、その間隔は1度の1/4であった。

直角二等辺三角形の場合と、正三角形の半分の三角形の場合についてピタゴラスの定理を使って正弦、余弦を求めると、表の骨格が得られる。

度	ラジアン	sin	cosin
0	0	0	1
30	$\pi/6$	1/2	$\sqrt{3}/2$
45	$\pi/4$	$1/\sqrt{2}$	$1/\sqrt{2}$
60	$\pi/3$	$\sqrt{3}/2$	1/2
90	$\pi/2$	1	0

しかしこれらの値をすべて計算する必要はない。実際、表から見て取れるように、正弦と余弦の間には明らかな対称性がある。ピタゴラスの定理によって、同じ1つの角の正弦と余弦は互いに結びついていて、片方の値が決まればもう一方の値も決まるのである。

$$\sin^2 \alpha + \cos^2 \alpha = 1$$

さらには直角三角形の場合、2つの鋭角の和は直角であるので、1つ

の鋭角の正弦は、もう1つの鋭角の余弦に等しい。すなわち、

$$\sin\left(90^\circ - \alpha\right) = \cos\alpha \ 、\ \cos\left(90^\circ - \alpha\right) = \sin\alpha$$

である。ただし、このような関係式を導くだけでわれわれはそんなに遠くに行けるわけではない。本質的な飛躍は、任意の角の正弦と余弦からその2倍の角、あるいは半分の角を求める関係式を導くことによって実現する。もしくは、2つの角の和あるいは差の正弦と余弦を、2つの角それぞれの正弦、余弦を使って表すことで実現する。

　例えば、2倍の角の正弦を見つけるために、直角三角形ABCを2倍にし、次のような四角形ABCB′について考えてみよう。対称性により、直角三角形ABCとAB′Cそれぞれの高さは同じ1つの点Hで交わる。高さBHとB′Hは、2つの直角三角形それぞれを2つの相似な小三角形に分ける。これはピタゴラスの定理の「質素な」証明を思い起こさせる。

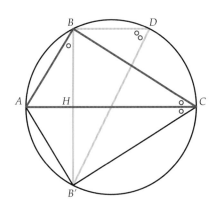

　自明のことだが、こうして作られた四辺形は円に内接する。B′から出発してDに至る直径を引いてみると、新しい直角三角形B′DBが得られる。そして頂点Dにできる角は、四角形ABCB′の頂点Cにできる角に等しい。なぜなら、どちらの場合も円周上にあり、どちらもBB′という同じ弦によって決まる角だからである。

　さまざまな正弦と余弦を比較してみよう。

$$\frac{\mathrm{BB'}}{\mathrm{DB'}} = \sin 2\alpha \qquad \frac{\mathrm{AB}}{\mathrm{AC}} = \sin\alpha \qquad \frac{\mathrm{BH}}{\mathrm{AB}} = \cos\alpha$$

　しかし、BB′はBHの2倍である。そしてDB′とACは、ともに円の直

径であることから、等しい。よって、**正弦の２倍角**の公式は、

$$\sin 2\alpha = 2\sin\alpha\cos\alpha$$

である。この公式から、その系として、**余弦の２倍角の公式**や**正弦・余弦の半角の公式**が得られる。なおヒッパルコスは、これらの公式についてもすでにすべて知っていた。

原注：興味があれば、これらは、

$$\text{Cos}2\alpha = 1\text{-}2\sin^2\alpha \qquad \sin\frac{\alpha}{2} = \sqrt{\frac{1-\cos\alpha}{2}} \qquad \cos\frac{\alpha}{2} = \sqrt{\frac{1+\cos\alpha}{2}}$$

『アルマゲスト』では、これらの公式がいわゆる「プトレマイオスの定理」から導かれている。この定理はピタゴラスの定理「円に内接する四角形において、対角線を２辺とする長方形の面積は、向かい合う２辺で作られる２つの長方形の面積の和に等しい」を一般化したものである。

四角形ABCB′に当てはめれば、

$$AC \cdot BB' = 2AB \cdot BC$$

となる。これは正弦の２倍角の公式を幾何学的に表したにすぎない。

今証明したようなさまざまな公式をシステマティックに忍耐強く使えば、プトレマイオスが『アルマゲスト』に掲載した三角関数の正弦の「1度ごとの」表をまるまる作ることができる。

建築で最初に使われた正接[78]

『リンド・パピルス』の56番目の問題は、次の通り。

『リンド・パピルス』問題56のピラミッドを扱った部分は、左最上段の欄

ピラミッドについて、その高さが250キュビット[79]であり、底面の辺が360キュビットであるとき、斜面が傾斜する「セケド（角度）」はいくらか。

この問題を解くには、何よりも古代エジプト語を知る必要がある。『リンド・パピルス』に報告された解答を見れば、「セケド」は18/25とある。これは高さに対する底辺の半分の比を表していると推論できる。

直角三角形で言えば、2本の隣辺の比に他ならない。この比は、後で扱う三角関数**正接（タンジェント）**と**余接（コタンジェント）**を使って表すこともできる。両者はそれぞれ**tan**と**cot**と略され、

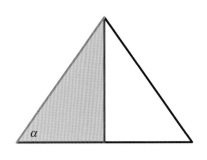

$$\tan \alpha \;=\; \frac{\text{角}\,\alpha\,\text{の反対側の隣辺}}{\text{隣接する隣辺}}$$

$$\cot \alpha \;=\; \frac{\text{角}\,\alpha\,\text{に隣接する隣辺}}{\text{反対側の隣辺}}$$

と定義される。エジプトの「セケド」は、ピラミッドの斜面が底面に対して作る角の余接（コタンジェント）であった。

余接を使ったのは、ピラミッドの斜面を固定した傾きで作るには、積み上げる石段の高さを固定した上で、外から運び入れる石段の大きさを計算しなければならなかったからである。もはやピラミッドを作らないとはいえ、今日の建築でも同じ手法が取り入れられている。

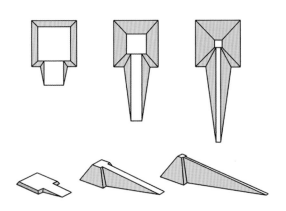

アラブ人アル・バッターニー（アルバテニオという名前でも知られている）は、900年頃、正接と余接が正弦と余弦から「共通の分母（直角三角形の斜辺）を取り除くことによって」簡単に得られることに気づいていた。

$$\tan \alpha = \frac{\sin \alpha}{\cos \alpha} \qquad \cot \alpha = \frac{\cos \alpha}{\sin \alpha}$$

またラジアンで計測された角は、円の半径に対するその角の弧の比に相当するので、下図より再び「共通の分母（円の半径）を取り除くことによって」正弦と正接の間に含まれていることに気づく。

$$\sin \alpha < \alpha < \tan \alpha$$

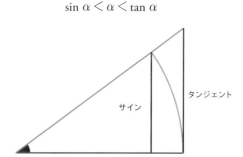

同じ図は、**正接（タンジェント）**という名前も説明する。正弦（サイン）が円の弦から測られるのと同じく、タンジェントは円の接線から測られるという事実に由来して名づけられたのである[80]。最初にこの名をつけたのはデンマークの数学者トーマス・フィンケで、1583年のことであった。それ以前には正接（タンジェント）と余接（コタンジェント）は、日

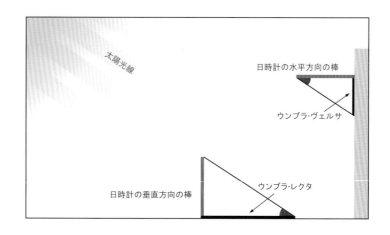

時計の垂直な棒と水平な棒によって作られる影の名前で、それぞれウンブラ・ヴェルサとウンブラ・レクタと呼ばれていた。

　エジプト人は正接関数を実際に使っていたが、、初めて理論的に研究したのは9世紀のアラブ人たちである。正接関数の最初の表を作ったのはアル・フワーリズミーで、「アルゴリズム」という用語は彼の名前に由来する。余接関数の最初の表を作ったのはアル・メルヴァジで、彼は「計算者」と呼ばれていた。

　その同じ世紀にアル・バッターニーは、正弦（サイン）と余弦（コサイン）の逆関数**余割（コセカント）**と**正割（セカント）**も定義した。彼はそれぞれについての最初の表を作った。そうして6つの**三角関数**の表ができあがったのである（6つの関数があるのは、3辺それぞれと他の2辺との比を考えるから）。

　上に挙げた名前が示しているように、ここにいたって数学研究の担い手はアラブ人に移った。こうして古典的幾何学の最初の英雄の時代を巡るわれわれの歴史ものがたりは終わりを告げる。近代幾何学を生んだ第2の英雄時代を巡る歴史ものがたりを始めるとき、われわれはアラブ人から始めなければならないであろう。しかし、今のところはここで終わることにしよう。

注釈

1 　『饗宴』はダンテの著作で、この「父」はダンテを指している。

2 　「円を正方形化する」ということは、円と等積の正方形を描くこと。これは人間には不可能で、ダンテにとって人間の限界を示すものである。ちなみに本書の冒頭で筆者が引用している「円を測ることに全力を傾ける幾何学者」は、『神曲』の最後の歌に出てくるもの。「正方形化」しようとしてもできない幾何学者が神の前にあって、人間の知恵の限界を知ることを描いた部分だと考えられている。

3 　この書き出しは、イタリアの有名な現代作家、イタロ・カルヴィーノの『冬の夜ひとりの旅人が』の冒頭「あなたはイタロ・カルヴィーノの新しい小説『冬の夜ひとりの旅人が』を読み始めようとしている」を真似ている。オーディフレッディは、本書のいたるところに掛詞、パロディーなどを張り巡らしている。

4 　ギリシャ神話での「一つ目の巨人」

5 　イタリア語では「半規管」は、「半円状の管」という言い方をするので、その名前から容易に形の想像がつく。

6 　イタリア語では i magnifici cinque（偉大なる5）となっていて、i magnifici sette（偉大なる7人）という映画のタイトル（邦訳タイトル「荒野の七人」）をもじって使っている。

7 　「カニ」も「へま」も、イタリア語では同じグランキオ（granchio）という言葉であるので。

8 　ここまで、『ピノッキオ』の冒頭の部分とほぼ同じ書き出しにしてある。本書では『ピノッキオ』での「丸太」の代わりに、「ファラオ」とされている。イタリア人なら誰でもこの遊びに気づくはずである。

9 　イクナートンとは、アトン（太陽神）を喜ばせる者の意であるから。次のツタンカーメンのところに書かれているように、もともとアメンが太陽神であった。

224 10 　イタリア語で「直角」は通常 angolo retto（まっすぐな角）という言

葉が使われるが、angolo diritto（まっすぐな角）と言ってもよいのだとオーディフレッディは説明している。つまり、retto も diritto もイタリア語では「まっすぐ」という意味で、土地の境界線をまっすぐに切ったという意味ではどちらでもいいというのが著者の語源的な見解。

11 この引用は、プルタルコスの『モラリア』に収められている小論の一部であるが、オーディフレッディは少し要約している。円錐を底面に水平な部分に分けて切り分けるとき、それぞれの断面がある厚みを持っているように解釈すれば、円錐の場合、その断面が互いに接する断面と等しくならないという矛盾が生じる。

12 実際の題名はオーディフレッディが挙げているものより長く、『不可分者の連続体についての新幾何学』である。立体は無数の面から成ると考えられていて、この面が「不可分者」と考えられている。

13 原文は、「3枚のカードのトリック」。3枚のカード（トランプ）のうちの当たりの1枚がどこにあるか当てる遊び、または賭けごと。

14 この見出しは、1980年代のイタリアのビールのCMでの有名なセリフ。「みなさん、瞑想するのです！」という意味だが、どのように使われているか興味ある方は birra meditate gente meditate を動画検索してください。

15 ダンテ『神曲』煉獄篇第33歌から。ダンテの魂が煉獄で浄化され、いよいよ天国の星々のもとに昇る用意ができているという意味の部分をそのまま筆者はタイトルに使っている。

16 ダンテ『神曲』天国篇第33歌

17 「哲学は神学のはしため」というヨーロッパ中世の言葉をもじっている。

18 Ambergris とは、龍涎香（りゅうぜんこう）のこと。マッコウクジラの腸内に発生する結石であり、香料として使われた。

19 ギリシャ語の hypo。「下に」を意味するギリシャ語の h の発音はイタリア語で省略されるので、hypo がイタリア語は ipo となっている。

20 このタイトルは、『神曲』天国篇第33歌での、「円といかにそこにあるか」という言葉を連想させる。本章の最後にダンテの話を持ってくるのに対応するしかけで、著者の遊びと言えよう。

21 ラテン語では、「光」はルークスであり、ルキフェルはイタリア語でルチーフェロとなる。

22 この話は少し唐突な感じがするかもしれないが、ルチーフェロはダンテの『神曲』において地獄の底にいる悪魔だが、もともと天使であったというイタリア人にとっての常識が、前提となっている。

23 アステリオンという名前の意味が星であるから。

24 原文には、斜辺（ipotenusa）のギリシャ語源ヒポテイヌーサ（hytotheinousa）が、「下に置かれた」という意味であることが書かれている。

25 非合理的という形容詞は、英語のirrationalと同じで無理数 irrational numberのことを指してもいる。すぐ後で述べられているように、正方形の辺と対角線の比が $1:\sqrt{2}$ であり、まさにこのような無理数（非合理的な数）が、ピタゴラスやギリシャ哲学にとっては問題となったのである。

26 イタリア語では五角形はpentagono（ペンターゴノ）であり、米国の国防総省のペンタゴンもpentagonoという同じ言葉になる。

27 golden triangleと呼ばれる麻薬の生産で有名な地域があるが、黄金比の三角形も同じくgolden traiangleと呼ばれるので。

28 「重要人物」はイタリア語でpapaveroで、麻薬の材料となる「ケシ」という意味を持つ。つまりダジャレにすぎない。

29 赤い旅団は、イタリアの極左テロ組織として知られる。イタリアの首相モーロを誘拐し、殺害したとされている（1978年）。

30 邦訳は、『ダリ・私の50の秘伝――画家を志す者よ、ただ絵を描きたまえ！』（マール社）。

31 『フィガロの結婚』はモーツァルトのオペラであるが、その台本作者がロレンツォ・ダ・ポンテであった。

32 原文には十角形や二十角形の語源的な説明があったが削除した。ギリシャ語のデカは10、エイコシは20、ヘプタは7であるので、例えばイタリア語で十角形はデカゴノとなるように、ヨーロッパの言語で、多角形の言葉に、ギリシャ語の痕跡が見られる。

33 イタリア語で「小さくなる」とはDiminuire、「大きくなる」とはCrescereである。それは、音楽用語のディミヌエンドやクレシェンドのもととなった単語である。

34 膝の半月板もその１つ。半月板は、三日月状である。

35 このタイトルはイタリア語のSiete sempre i soliti「お前たちはいつも変わらないやつらだ」という意味で使われる表現をもとにして、soliti（おなじみ）の部分をsolidi（立体）という言葉に置き換えて「あなたたちはいつもの立体だ」と冗談めかして言っている。

36 フリーメーソンは結社であるが、国地域ごとにグランドロッジと呼ばれる本部と、ロッジと呼ばれる支部から構成されている。

37 以下の部分は特に、プラトン『書簡集』344c

38 プラトン『ピレボス』51c

39 この小見出しはロバート・アルドリッチによる映画『特攻大作戦』（1967年）の題名がそのまま使用されている。英語の原題は"The Dirty Dozen"であり、12人1組の罪人たちがミッションを成功すれば罪を免じてもらえるという筋である。著者は正十二面体という題をつける代わりに、ふざけてこの題名を借用している。

40 マグナ・グラエキアとは、大きなギリシャという意味。古代ギリシャによる、イタリア半島南部、シチリアなどの植民地を指す。

41 アリストテレス『形而上学』984a

42 《超立体的人体》はキリストの磔刑図なので、最後の晩餐の後にイエスにもう1度再会するわけであり、「続編」となる。

43 このディオゲネスは、本書に何回か出てくるディオゲネス・ラーエルティオスとは別人。犬儒派のディオゲネスと呼ばれ、多くの逸話があり、知識や教養を蔑んだことでも知られる。

44 1995年に制作されたアメリカ映画の題名。"Dead man walking"という英語の題名がそのまま原著にあるが、その言葉は死刑囚を指している。

45 この小見出しはun volume che per l'universo si squadernaであり、ダンテ『神曲』天国篇第33歌86-87行目のlegato per l'amore in un volume, ciò che per l'universo si squadernaというほぼ同じフレーズから取られている。「宇宙に散らばる（展開される）ものが愛によって1冊の書物（volume）に結び合わされる」という意味である。『神曲』では、volumeが書物を指すのに対し、本書では、少々無理であるがvolumeが体積を指すことから立体を意味している。つまり「宇宙のものは愛によって1つの立体に結び合わされる」という意味。

46 イタリア語の「説明する」spiegareには「折る」「明らかにする」、dispiegareには「開く」という意味があり、対義語になっていると

ころがおもしろい。

47 プラトン『ティマイオス』55d〜56c

48 フラーレンは、炭素原子のみで構成される集合体の総称。

49 イタリア語で博物館はmuseo（ムゼーオ）であるが、英語のmuseum同様、ギリシャ語のムーセイオンを語源にしている。

50 結局は似たり寄ったりだという意のイタリアの諺。

51 現代語のpoint（英）やpunto（伊）は、刺すことの意のほうから由来している。

52 プラトン『パルメニデス』137

53 サッカーにおいて足を伸ばしたタックルは、スパイクの底が裏向いて危険な反則のためレッドカードの対象となる行為である。そのファウルを、著者は遊びで小見出しに使っている。

54 正方形Aの辺の長さをa、正方形Bの辺の長さをbとするとき、正方形Aの面積はa^2で、正方形Bの面積はb^2であり、2つの長方形の面積は2abになる。また大小の正方形の辺の長さを足した辺を持つ正方形の面積は、$(a+b)^2$であることから、$a^2+b^2+2ab=(a+b)^2$が成り立つことを幾何学的に証明している。

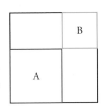

55 イタリア半島とシチリア島との間の海峡。当時ローマは南にはイタリア半島からシチリアに勢力を拡大しつつあったが、シチリアはアフリカに非常に近く、カルタゴとの勢力争いの場所となった。

56 マメルティーニは、前3世紀にメッシーナ付近を占領していた傭兵隊。

57 「食べることによって食欲は増す」というイタリアでよく使われる表現。

58 この書物はおそらく12世紀に書かれたもので、著者はわからない。神について24人の哲学者が、さまざまに定義したという形式をとっている。

59 円周率でおなじみのギリシャ語のπ（パイ）は、イタリア語を始めローマ文字のアルファベットではpにあたり、ギリシャ語のρ（ロー）はrにあたる。

60 バッキーはバックミンスターから、フラーレンはフラーから名前をとっている。

61 本章のタイトルはイタリア語でoggi le conicheであり、"oggi le

comiche"というイタリアの人気テレビ番組をもじっている。coniche は「円錐」であり、comiche は無声映画時代の「喜劇映画」を指している。その番組は短いドタバタ喜劇を毎週土曜日に放送する1960年代からの人気番組であったが、本章の小見出しは喜劇風に冗談交じりにつけられたものが多い。幾何学的内容から本章の題名をつけるならば「円錐曲線」になる。

62　デロスとは唐突な感じがあるかもしれないが、本書の第2章の立方体の倍積問題での「祭壇を倍にする」というデロスの神託に戻るということ。なお、この小見出しはイタリアでも人気があった映画『バック・トゥ・ザ・ヒューチャー』のタイトルをもじっている。

63　これまた駄洒落であるが、円錐の切り方（modi affettati）と気取ったやり方（modi affettati）の両方を指している。

64　アポロニウスという名前がたくさんあるのは、ゴルゴタ時代（イエス・キリストが磔刑にあったとき）にクリスティアーノ（キリスト）やジェズアルド（イエスから由来する名前、ジェズというのはイタリア語でイエスのこと）がたくさんいても、イエス・キリストには関係ないことと同じだということ。

65　因果応報という意味。ユークリッドは彼以前のいろいろな数学者の証明を総括して『原論』を書いたのと同じように、彼が円錐曲線について書いていたことをアポロニウスに使われてしまった。

66　この後に洗礼とあるが、洗礼名を与えるように、アポロニウスは新しい名前を円錐曲線に与え直したということ。

67　イタリア語で parabola は、放物線だけでなく、たとえ話、寓話を意味する。同様に、双曲線 iperbole は誇張法、ellissi は ellisse（楕円）とは語尾が異なるが省略を意味する。

68　もとの小見出しは「私に触れることはない」という意と「私は関心がない」という意のかけ言葉になっている。

69　この小見出しは fuoco が「焦点」と「火」という意味を持つことにかけて、「2つの火に挟まれて」という意味にもなっているが、内容的にはもちろん焦点の話である。ただ「2つの火に挟まれて」という意味がわからないと、次の小見出しの「円錐コメディーのフィナーレ」につながらない。

70　飛行機を使って無重力状態を作り出して、宇宙飛行士を訓練するわけであるが、吐き気を催すので嘔吐（vomit）彗星と呼ばれるよ

うになった。

71 万聖節は11月1日である。

72 アリストテレス『天体論』297b-298aにおいて、大地が球形であることが述べられている。

73 イタリアでは自転車のロードレースは非常に人気が高いが、バルタリ以下の4人はいずれも往年の有名な自転車競技者である。バルタリとジモンディはジーロ・ディターリアというイタリアでの最高のロードレースになかなか勝てなかったけれども、ツール・ド・フランスで総合優勝して、勝者に与えられるマイヨ・ジョーヌという黄色のジャージを獲得した。

74 このタイトルは「大円circolo massimo」と「チルコ・マッシモCirco Massimo」が掛詞になっている。チルコ・マッシモはローマに古代ローマからある競技場で、今でも競技やショーが行われていて、このタイトルからイタリア人には「チルコ・マッシモで行われるショー」がすぐに頭に浮かぶようなしかけになっている。

75 「両極（antipodi）」という語は、反対antiと足podosというギリシャ語から成り立つが、イタリア語では、これらの語を組み合わせると、サッカー用語の「カウンター攻撃」という意味にもなる。

76 ジョン・プレイフェアは、いわゆるプレイフェアの公理として知られる「平面上に直線と、直線上に存在しない点が与えられたとき、点を通り直線に平行な直線は与えられた平面に高々1本しか引くことができない」という平行線公準で知られる。

77 Insenaturaとsenoはイタリア語であるが、sinusはラテン語。イタリア語のsinuosoは「波打った」senoは「女性の胸」を指すが、どちらもsinus（サイン）と同語源のため意味が紛らわしく、オーディフレッディもそのことから冗談を言っている。

78 イタリア語では、正接（タンジェント）という言葉は汚職の意もあり、最初の汚職の建設と掛詞になっている。

79 キュビットという単位は、肘を立てたときの高さで50センチ弱くらいである。

80 tangereは、イタリア語でもラテン語でも「接する」という意味であるので。

写真提供

P.33 ［左］	サッカラのピラミッド	
	©Berthold Werner/ Wikimedia Commons	
P.33 ［右］	ギザのピラミッド	
	©Nina at the Norwegian bokmål language Wikipedia	

P.49 ［左］ メッカのカアバ神殿 ©Turki Al-Fassam/flickr

P.49 ［右］ イサム・ノグチ《レッド・キューブ》 ©vincent desjardins/ flickr

P.81 オウム貝の殻の断面 ©Chris 73/ Wikimedia Commons

P.86 ［左］ デルフォイのトロス ©Mr.checker/ Wikimedia Commons

P.86 ［右］ ヘラクレス・オレアリオ神殿 ©Mac9/ Wikimedia Commons

P.116 パイライト ©DidierDescouens/ Wikimedia Commons

P.149 ［下段右］ サンチの大ストゥーパ ©Joel suganth/ Wikimedia Commons

P.150 ［下］ アルナルド・ポモドーロ《球体を持った球体》
©Jasonm/ Wikimedia Commons

P.151 ［左］ フリッツ・ケーニッヒ《ザ・スフィア》
©Benoit Prieur/ Wikimedia Common/ CC-BY-SA4.0

P.151 ［右］ マウリッツ・コルネリウス・エッシャー《写像球体を持つ手》
M.C. Escher's "Hand with Reflecting Sphere" © 2021 The M.C. Escher
Company-The Netherlands. All rights reserved. www.mcescher.com

p.157 ［下段左］ カトリックの僧侶用の帽子
©PietroDi Fontana/ Wikimedia Commons

P.159 ［右］ ラスカンパナス天文台 ©Kszulogaleria/ Wikimedia Commons

P.171 ［上段右］ ゲートウェイ・アーチ ©christina rutz/ flickr

P.171 ［下段右］ サグラダ・ファミリア ©Marek Holub/ Wikimedia Commons

P.198 ［下段右］ オペラハウス ©Enochlau/ Wikimedia Commons

231

謝辞

　私は、フランチェスコ・アンセルモ、アンドレーア・カーネ、リッカルド・カヴァッレーロ、ジャン・アルトゥーロ・フェッラーリ、ニコレッタ・ラッザーリ、そしてマッシモ・トゥルケッタに感謝の意を表したい。というのも、本書が実現可能であると信じてくれたからだ。そして、実現したことに対して、図像学者のアンナマリーア・ビッフィ、編集者のマルティーナ・ブッタレッリ、グラフィックアート専門家のセルジョ・ペッラスキアルに感謝したい。

訳者のあとがき

　本書はイタリアでのベストセラー『C'È SPAZIO PER TUTTI』を訳出したものである。原題は「誰にでもスペースがある」という意であるが、それがなかなか曲者の題名で、空間についての書籍だというだけでなく、どんな人に対してもスペースがあるんだよ、生きる空間があるんだよ、という著者独特のメッセージが込められている。イタリアというところは、シンガーソングライターでもメッセージ性を持たないと存在価値が低いところがあるが、学者であれ、スポーツ選手であれ、社会的な立場などを明確に、自分の意見を発信するのが通常だ。著者オーディフレッディは幾何学者であるのみならず、エッセイストとしてテレビに出演し、新聞でコメントを書き、社会的に常に発言する学者としてよく知られている。最近では前教皇のベネディクト十六世と、公開往復書簡を交わしたことが記憶に新しい。無神論者である著者が、カトリックの教皇と書簡を交わしたこと自体、イタリア社会では画期的でもあり衝撃的なことでもあった。宗教のみならず、西洋中心主義ではなく世界を公平に見ようという彼の精神はときに痛烈で、第2章でキップリングを批判するときの「平凡で人種差別的な」という言葉などに見られるように、挑戦的な態度でも知られる。アメリカを中心とするグローバリズムに対しては、『われわれは皆、アメリカ人ではない』という著作もある。

　オーディフレッディは、幾何学を中心として数学のみならず、実に多岐にわたる分野の著作を40冊余りも世に問うているが、『幾何学の偉大なものがたり』は、イタリアで科学の普及に功績のある書籍に与えられる「ガリレオ賞」を2011年に獲得した。多分野にまたがっての彼の興味というものは、本書においても大きな魅力となっていて、それは芸術か

ら日常の出来事に至るまで幾何学との関連をうまく伝える力となっている。

　本書は、オーディフレッディによる幾何学の歴史三部作の第1巻となった。古代から順々に幾何学を紹介していくうちに話が長くなり、16世紀あたりまでで第1巻を構成することになり、全体としては3巻になったのだという。ちなみに第2巻では、日本の江戸時代の幾何学に1章が割かれていて、世界中の幾何学に目配りをすることを忘れない。

　ところで、西洋中心主義から脱しようという著者ではあるが、ある意味ではヨーロッパの知的伝統とうまく絡めながら幾何学の歴史を捉えていて、その文化的背景を伴って紹介する幾何学は魅力的である。そもそもイタリアでは、幾何学というものが歴史上長く学問の王道であり、建築とともに理系と文系の学問の接点にあり、総合的な学問の伝統を持っていることが日本人の読者には新鮮ではあるまいか。

　本書は実に多くの挿話で埋め尽くされているが、よく調べると真偽が必ずしもはっきりしないものも含まれている。例えば、第10章でエラトステネスが地球の周長を測るときに使ったスタディオンという長さの単位が157.5メートルだとされているが、実際にはいろいろな説がある。これは正確な計測であったことを主張する点では非常に都合がよく、話がおもしろいからこそ、その数字を選んだと言える。そういう意味では訳注を細かく加えることも考えられたが、本書では幾何学そのもの以外ではそもそも正確さよりも幾何学の背景のおもしろさが強調されている面が強く、そのような著者の意図にしたがって、イタリアの常識や、イタリア語に書かれることによって不明瞭になる部分の理解を助ける場合にのみ訳注をつけることにした。

　訳者はオーディフレッディに2014年に会う機会を得たが、さまざまな言葉遊びで埋め尽くされている本書の調子そのままの会話であった。本書のあまりにも多い言葉遊びをうまく訳出できなかったところは少々心残りである。特に掛詞の意味を訳すのが、あまりにも体裁が悪いときにはあきらめることにしたところが多々ある。ダンテの『神曲』の引用で始まる本書であるが、そこに出てくる「幾何学者」という言葉も二重に使っているのが会ってみて初めてわかった。イタリアでは理系の高校を卒業した人に対してもジェオメトラという幾何学者を意味する言葉と同じ名称が使われるが、献辞にある著者の家族は必ずしも幾何学者ばかり

ではないのが判明した。これは一般の読者には、イタリア人にとってすらわからない遊びであるらしい。そのような調子で書かれた著者の遊びにはすべて付き合わず、特に、読みにくくなる場合にはあえて注をつけずに放っておいたところがある。また、翻訳という点で困ったことは、本書が他の言語に訳されることを想定されていなかったのか、イタリア人読者のみを想定して書かれていることである。各章において、挿話とともに必ず語源的な解説が多く見られ、著者が言葉の背景にも関心を寄せているのがうかがえるが、イタリア語が英語から少し発音が遠いのが訳出においては難点であった。

　本書のおもしろさの一つは、見た目の楽しさであろう。幾何学は抽象的な数学の中にあって、唯一、目に見える学問という特徴を持っている。さまざまなデザインが幾何学の説明のために施されていたり、数多くの図版があったりと、読まなくてもイタリアならではの視覚的おもしろさを楽しめる部分がある。著者は幾何学の歴史三部作のあとがきで原著のデザインのチームをドリームチームと讃えているが、日本語版でも、一方ではデザイン上の楽しみ、他方では文化的な楽しみがうまく残された美しい本に仕上がっているのは創元社の編集スタッフによるところが大きい。また、日本の読者向けに本書がアレンジできているとすれば、それは緑慎也氏と林聡子氏に負うところが大きい。さらには、訳者の途絶えがちな翻訳を進めるにあたって、編集部の渡辺明美さんには随分と励ましとアドバイスをいただいた。ここに記して感謝の意を表したい。

河合成雄

著者・訳者紹介

〈著者〉ピエルジョルジョ・オーディフレッディ
　　　　幾何学者
　　　　1950年、イタリア生まれ。イタリア、アメリカ、旧ソビエト連邦に
　　　　て数学を学ぶ。現在は、トリノ大学で数理論理学を講じる。長年アメ
　　　　リカ、コーネル大学の客員教授の任につく。新聞、ラジオ、テレビで
　　　　の活動も多く、イタリア日刊紙「ラ・ブブリカ」の常連寄稿者。1998
　　　　年、イタリア数学協会よりガリレオ賞を受賞。邦訳されている著書に
　　　　『数学の20世紀──解決された30の難問』（青土社）がある。

〈訳者〉河合成雄（かわいなるお）
　　　　神戸大学国際教育総合センター教授、同大学院人文学研究科ヨーロッ
　　　　パ文学教授兼任
　　　　1963年生まれ。1994年、京都大学文学研究科博士後期課程指導認定
　　　　退学、1997年、神戸大学留学生センター講師、2005年、同助教授を
　　　　経て現職。専門はイタリア文学。日本イタリア会館顧問。

幾何学の偉大なものがたり

2021年5月10日　第1版第1刷発行

著　者　ピエルジョルジョ・オーディフレッディ
訳　者　河合成雄
発行者　矢部敬一
発行所　株式会社創元社
　　　　本　　　社 〒541-0047　大阪市中央区淡路町4-3-6
　　　　　　　　　 TEL.06-6231-9010（代）　FAX.06-6233-3111
　　　　東京支店 〒101-0051　東京都千代田区神田神保町1-2 田辺ビル
　　　　　　　　　 TEL.03-6811-0662（代）
　　　　https://www.sogensha.co.jp/
印刷・製本　図書印刷株式会社

Ⓒ2021, Printed in Japan　　ISBN978-4-422-41448-5 C0341
〈検印廃止〉
落丁・乱丁のときはお取り替えいたします。

本書の感想をお寄せください
投稿フォームはこちらから▶▶▶▶